U0391402

建筑三十九渡

李晓明　著

清華大學出版社
北　京

图书在版编目（CIP）数据

建筑三十九渡 / 李晓明著. — 北京：清华大学出版社，2017
ISBN 978-7-302-46073-2

Ⅰ. ①建… Ⅱ. ①李… Ⅲ. ①建筑学—普及读物 Ⅳ. ①TU-49

中国版本图书馆 CIP 数据核字（2017）第 004867 号

责任编辑：张立红
封面设计：邱晓俐
版式设计：方加青
责任校对：李跃娜
责任印制：杨　艳

出版发行：清华大学出版社
网　　址：http://www.tup.com.cn，http://www.wqbook.com
地　　址：北京清华大学学研大厦 A 座　　邮　　编：100084
社 总 机：010-62770175　　邮　　购：010-62786544
投稿与读者服务：010-62776969，c-service@tup.tsinghua.edu.cn
质 量 反 馈：010-62772015，zhiliang@tup.tsinghua.edu.cn
印 装 者：三河市吉祥印务有限公司
经　　销：全国新华书店
开　　本：148mm×210mm　　印　　张：10　　字　　数：266 千字
版　　次：2017 年 8 月第 1 版　　印　　次：2017 年 8 月第 1 次印刷
定　　价：48.00 元

产品编号：072854-01

故事之前

在这里我不想泛泛谈及“艺术”这个词，因为很多时候过于肯定的说辞常常会带来某种导向性，而这种导向性即使是正面的，也不完全是事实。而实际上，感受即真实。

虽然艺术已有很多的定义，但是现在更多的是作为可扩展领域的议题。如果艺术的衍生已在我们的生活中深入浅出，那么对于大众来说，艺术表现的范畴可以更为广泛；如果艺术的影射可以让我们的生活变得更为立体，那么我们可以把它绘入生活最初的概念草图；如果可以设想将艺术重新打散，那么我们可以在更多的角落寻找到它的踪迹；如果我们再次从一幅绘画中找到愉悦、从一本书籍中汲取到智慧、从一滴水中探寻到未知，那么从一栋建筑中呢？

在这里，我们只聊聊建筑。

我们是否曾关注过一栋建筑背后所发生的一切？在我们的普及观念中，建筑太过于理性和冰冷，我们时常也只把建筑理解为一块场地，其实不然，建筑最原始的形态是“穴”，穴的最基本形态是为人们生活和集会提供“容纳”的处所。虽然容纳的概念相对简单，但当人们在处所中开始有所“行为”的时候，建筑就不只是场地，也不只是单一的存在，而早已成为“空间、时间与情感”并存的体系。在这个体系中，建筑存在的意义最为重要，因为建筑可以承载物质也可以包括精神，可是，有时我们会自然地忽视“存在”的意义，我们会忽视建筑带给我们精神上的作用，也会忽视建筑创造的艺术将会给我们带来怎样的乐趣，因为这一切发生得太自然，以至于我们根本无法敏捷地意识到。这是一个普遍问题的存在，是关乎我们应该怎样重新认知建筑的问题。

建筑的艺术是个复杂的程序，犹如机械的复杂构造，建筑需要多方面知识体系的共同构筑才能完整呈现。而事实上，有时我们在一栋房子中是很难想到编织这个程序的诸多元素的，历史与政治成为决定建筑存亡的关键、社会与文化成为建筑衍生的根基、科技与建造成为建筑得以“诞生”的最基本条件，而哲学与美学则成为建筑躯壳内的灵魂。建筑最终是为人类物质与精神生活创造更高的价值的，尽管有时构成建筑的这些价值因素未必全部在建筑的实体中呈现，但它们将决定建筑存在的基态，建筑呈现的实体已不足以说明一切，建筑背后发生的才是流淌于建筑肉躯的血液。

最终，现实的、虚幻的，所有构成建筑的点都会归结到艺术与生活范畴的视平线内，凝结在建筑事件的情结中，所有的点将构成建筑的艺术，不断经历和演绎，模糊中逐渐清晰。

建筑是具象又抽象的艺术，更是情与理的结合。

建筑是人文的产物，是人类情感的综合体。

建筑的生命线牵引着世界每一个角落，它无所不在。

建筑可以叙事，可以评论，也可以抒情。

建筑的因果永远都在变，我们无法轻易判断。

建筑艺术最大的魅力不在于单一的存在，而是我们看到和经历它。

关于“渡”

渡，有横过水面之意，通常是个动词，例如渡船、摆渡。如果引申，指“由此到彼”的过程。渡，也可以指代过河的地方，例如渡口、渡头。

本书中，讲述了39个建筑的故事，它们是旅程的一个渡口，也是一个“过程”，它们将渡船承载我们驶向建筑国度的彼岸，我们也可以摆渡去我们想要寻求的方向。

目录

第一渡（第一天的故事）

『337套公寓』——胎记

事件：马赛公寓，勒·柯布西耶（Le Corbusier，法国，1887—1965）。

时间：1946—1952年。

地点：法国，马赛。

我们首先游历到法国南部，让我们关注一下马赛公寓（注释1）。马赛公寓，有人称之为“超级公寓”，勒·柯布西耶希望它是一座小城。事实上，它确实像一座浓缩的城市，拥有高密度的人口，又有温和舒适的居住环境。柯布西耶设计的23个户型满足了各种家庭人群的居住需要，无论是单身贵族还是四世同堂的一家，都能在这里找到合适的住房。大部分户型的起居室都有4米多高，并配有大玻璃落地窗，赋予了起居室极好的观景视野。马赛公寓内部配备有人们日常生活的一切所需，酒店、餐馆、商店、药房、邮电局、洗衣房、面包房、理发室等一应俱全。大楼的顶层还设计有幼儿园、托儿所、游泳池、健身房、操场、游戏场和屋顶花园，可以说，马赛公寓完备的设施创造了十分理想的生活居所环境。除了可以生活在功能齐全的居住单位外，居住于此的人们还享有大片的绿地。

生活的细节渗透在公寓的每个角落，生活的片断被一幕幕上演，像一部部生动的话剧，瞬间发生变幻。于是我们捕捉钢筋混凝土自身的真实，他们就聚散在建筑的皮肤之上，他们是马赛公寓生来的“胎记”，他们才是这部剧的主角。

我们往往喜欢平滑光洁的表面，我们喜欢漂亮的事物，建筑何以为“漂亮”？我们不会那么简单地理解。我们的皮肤是光滑的，我们一出生“胎记”就存在了，在光滑的皮肤表层下存在的“胎记”在某种程

注释1：马赛公寓由钢筋混凝土建造而成，长165米、宽24米、高56米，可容纳337户，居住1600人。

度上已经成了我们的标志，马赛公寓的胎记也是在“诞生”的过程中形成的，只不过这个过程在建筑领域中是被定义为“建造”的过程。马赛公寓的建造历经了5年的曲折，尽管这栋建筑是在现代技术的支持下建造的，但是人为因素成就了它“漂亮”的胎记。登上马赛公寓“不可预测”的屋顶空间，1946年繁忙的施工场面就会历历在目：设计人员与施工人员的配合作业不断被各种现况搅扰；图纸出现了无法对接的小误差；施工程序在进行的同时各部分难以保持一致；各个工人对施工配合环节有些漠不关心；制作木板的木工和钢筋混凝土的浇筑工在工作对接时总想着缺陷将由后面的工序来弥补。于是看似繁忙有序的工作场景却到处发生碰撞，然后引发偶然。

明显的缺陷在工地上到处可见，其结果就是模板最微小的起伏、木板的交接及木材纹理的斑痕都拓印在裸露的混凝土之上，可以说，一览无余。混凝土在凝固的过程中使建筑表皮留下了痕迹，这些个痕迹就是 “建造”过程中形成的胎记（注释2）。“但它们看上去真的很棒，对于那些尚具想象力的人而言是一笔财富”，建筑师柯布西耶这样形容这些痕迹。

在马赛公寓的整个建造过程中，建造各个环节出现问题后的偶然性成为材料凝聚过程的必然性，建筑师柯布西耶在形容马赛公寓时的一段话意味深长。许多人来参观马赛公寓，有一些人（尤其是荷兰人、

注释2：马赛公寓运用的材料是混凝土，混凝土是由沙砾、砾石以及水泥组成，是「从混合到凝结」的固化过程。虽然混凝土在加工工序上与石头、木材等有所差别，但与这些「自然材料」相比，混凝土的「过程性」尤为真实。对于采用混凝土建造的设计者来说，「怎样把握混凝土凝结的过程？」将会决定建筑的最终形态。因为混凝土的凝结过程不可逆，因此，在浇筑过程中，任何一道工序的操作行为都会在混凝土表面留下「痕迹」，混凝土的这一特殊性必然会产生偶然性，无论浇筑的过程是否完善，在经历这样的「过程」之后，材料最终呈现的结果都会带来意外。

瑞士人和瑞典人）对我说：“您的房子很美，但做工太差了！”我对他们说：“你们在欣赏大教堂和城堡的时候，难道不曾注意到石材那粗鲁的凿痕，它们的缺陷被接受甚至被巧妙地加以利用？在参观建筑的时候，你们难道就不观察？看看你们身边的男人和女人，难道你们就看不到皱纹、疣子、数不清的凹凸？你们在散步的时候是否亲眼见过美第奇宫和梵蒂冈宫的阿波罗？缺陷？！是人，是我们自己，是每日的生活。重要的是继续，是活下去，是永不懈怠，是朝着一个崇高的目标努力——是忠诚！”（注释3）

柯布西耶最后提到了“忠诚”这个词。我们是否可以这样理解：材料忠诚于建造的程序，建造的程序忠诚于自然！我们所看到的表象背后往往有着精彩和不堪，其过程也可能不为人知，但建筑的魅力来源于多方面，材料的因素只是其中的一个，马赛公寓的最大魅力在于柯布西耶对于混凝土的运用，粗线条的建造手法让马赛公寓看起来极为原始和沉重。尽管粗糙和“不堪入目”，但建筑师在偶然中发现了建造之美，柯布西耶的“粗野主义”也由此轰动了整个建筑界。

注释3：引自《勒·柯布西耶全集》[M]，第5卷，（瑞士）W·博奥席耶，中国建筑工业出版社，2005，181.

柯布西耶所提倡的观点：「住房是居住的机器。」

柯布西耶最负盛名的代表作：萨伏伊别墅、朗香教堂、马赛公寓等。

柯布西耶最畅销的书籍：《走向新建筑》。

如果读者们对这位伟大的建筑师十分感兴趣，这里还有几本书不妨读读：《柯布西耶全集》《精确性》《东方之旅》《明日之城市》，希望能有所收获。

关于勒·柯布西耶：

勒·柯布西耶（Le Corbusier，1887—1965）出生于瑞士，是20世纪最重要的建筑师之一，也是现代建筑运动的代表人物，柯布西耶曾被后人称为「现代建筑的旗手」。他最突出的贡献是1926年提出著名的「新建筑五点」：底层架空、屋顶花园、自由平面、横向长窗、自由立面。建筑新的生长模式「框架与自由墙体」正是建立在新建筑五点之上的。在当时与柯布西耶同等地位的建筑师还包括路德维希·密斯·凡·德罗（Ludwig Mies van der Rohe）、弗兰克·劳埃德·赖特（Frank Lloyd Wright）和瓦尔特·格罗皮乌斯（Walter Gropius）。他们的作品互有影响，共同引领现代建筑的思潮。

柯布西耶所强调的建筑设计理念：「原始的形体是美的形体。」

建筑的创造来自建造过程的创新，建筑师们的设计并不会停留在一个作品中，每一部作品都是在探索和验证，只有不断地思考并付诸实践才能不断地创新。建筑的旅程虽是充满艰辛的，但最终得到的却是无限的快乐。

第二渡（第二天的故事）

『39岁』——天才的忧郁

事件：但丁纪念馆，朱赛佩·特拉尼（Giuseppe Terragni，意大利，1914—1943）。

时间：1938年。

地点：意大利，米兰。

但丁纪念馆是建筑史上的一个传奇，虽然未建成，但不能不提，因为在它之后绝无仅有。

但丁纪念馆讲述的正是意大利文学名著《神曲》的故事，这是意大利文艺复兴的先驱阿利盖利·但丁（Dante Alighieri）的代表作，《神曲》是一部比较特殊的史诗，描述诗人自己想象中的经历，全诗分《地狱》《炼狱》和《天堂》三部（注释1）。那是神话的文学意境，建筑的空间结构跟随著作的结构，描述的都是文章中的情节，或许建筑师朱赛佩·特拉尼认为《神曲》可以代表意大利伟大文化的精华，这类史诗题材的经典文学所传达的抽象哲学精神正是意大利文明高度发展的象征化题材。但丁纪念馆注入建筑文学的精华，让它有了灵魂，并且是采用极其理性的空间处理手法—理性的图形像素、理性的功能布局和理性的叙事线索，使建筑成为史诗的悼词，而这些只有当我们进入建筑内部才能深刻体会到。

但丁自述1300年的复活节，他在森林中迷路，遇到豹、狮和狼，它们分别象征淫欲、强暴和贪婪，这时维吉尔出现并作为向导带他游历地狱和炼狱。地狱的形状有点像漏斗，下端直达地心，这里不同层级是犯有各类罪行的灵魂赎罪之地。在这以后，但丁随着维吉尔通过

注释1：阿利盖利·但丁（Dante Alighieri，1265—1321），意大利诗人，欧洲文艺复兴时代的开拓人物之一，曾被恩格斯誉为「中世纪的最后一位诗人，同时也是新时代的最初一位诗人」。但丁的主要代表作包括：《神曲》《新生》《论俗语》《飨宴》及《诗集》等。其中《神曲》是但丁最著名的作品，写于1307—1321年，这部诗集分三部，一篇序加上每部33篇，总共100篇。诗集通过描述但丁与地狱、炼狱及天堂中遇见的意大利著名人物们的对话来表达但丁摒弃中世纪的蒙昧主义、追求真理的思想，同时也反映了文艺复兴时期人文主义的思想。《神曲》对欧洲之后的文学和诗歌创作有极其深远的影响。

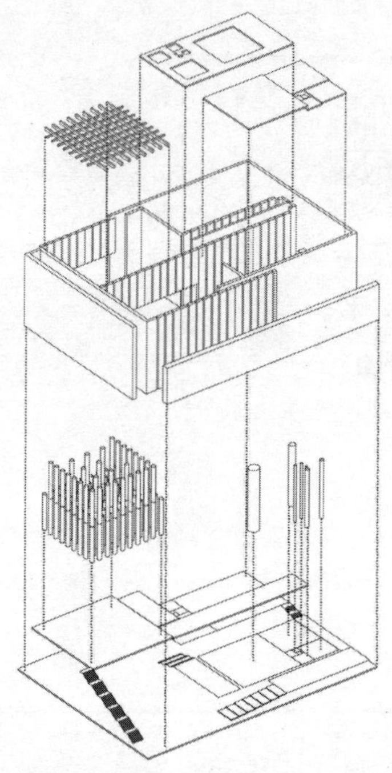

一条裂缝重返了地面，来到洗涤罪恶的炼狱山之前，能够进入炼狱的是那些生前犯的罪能够历经受罚而得到宽恕的灵魂。炼狱要强于地狱，炼狱山的山身共分七级，分别洗净傲慢、嫉妒、忿怒、怠惰、贪财、贪食、贪色七种人类罪恶，灵魂在洗去一种罪过的同时，也就上升了一级，如此可逐步升向山顶。山顶上是一座地上乐园，维吉尔把但丁带到这里之后就退去了，改由俾德丽采来引导但丁，经过了构成天堂的九重天之后，但丁终于到达了上帝面前。这时但丁大彻大悟，他的思想已与上帝的意念融合。《神曲》寓意着人经过迷惘和苦难之后，最终到达了真理和至善的境界。但丁在游历地狱和炼狱时，一路上遇到不少灵魂，这些灵魂生前大多是历史上的或当时的著名人物，但丁通过他们记录了处于新旧交替时代的意大利社会生活，他通过自己的叙述或通过与鬼魂的谈话，阐述了中古时期文化领域内的各种成就，并说出了他对各种事物的看法和评价。

而但丁纪念馆存在的理由就在于特拉尼将著作中的寓意通过建筑的语汇传达出来，建筑最有效的语汇是空间的寓意，但丁纪念馆的空间是叙事性的，在我们游历整个建筑空间的同时仿佛置身于《神曲》之中，从地狱到炼狱再到天堂，都是在空间路径的指引之下完成

关于建筑师朱赛佩·特拉尼：

朱赛佩·特拉尼（Giuseppe Terragni）1904 生于米兰，1926 年毕业于米兰工艺学校，1940 参与巴尔干半岛战争，1941 年于军队服役，1943 年因伤回家，死于未婚妻家中，特拉尼一生从事于意大利的理性主义运动，是 30 年代意大利理性主义运动的领军人物。

15
DANTEUM
IMPERO

的。纪念馆采用经典的黄金分割比划分平面，具备高度的理性和完美之意，地狱的空间低矮压抑，厚重的石材天际仿佛就压在头顶，没有一丝光明。从地狱走向炼狱，随着地面高度的逐渐升高，人的心灵也随之走向上帝和天堂。继续向上，映入眼帘的是100根玻璃光柱，它们将带领我们来到净化的神圣之地—天堂，透过光柱，仿佛我们的视线看到的完全是心灵净化后的自己，这是通往圣洁的路径，我们已经到达了建筑的精髓部分。

当我们的情感慢慢凝聚至高点时，当我们最终置身于天堂的空间时，旅程宣告结束。而之后呢，空间的故事或许还没有完结，《神曲》的寓意还在继续，也许只有在但丁纪念馆“建成之后”，我们才能得知故事的结局。作为20世纪最著名的未建成建筑，但丁纪念馆鲜为人知，而在建筑中我们看到的更多的是建筑师的精神，由于它的未建成，又有些许的遗憾。特拉尼是个天才，他具有特殊的身份，他曾经为纳粹工作过，他的个性中充斥着专制和理性。但丁纪念馆最初也曾作为特拉尼给墨索里尼的献礼，但由于后来墨索里尼和希特勒联手争霸，不再关心帝国荣耀的文化事业，于是几乎已经完成设计的但丁纪念馆胎死腹中。这是一个悲剧，是“天才的忧郁”。

关于必修课：

在1999年的建筑专业必修课程中，剖析但丁纪念馆的课题成为我们第一次接触这一经典案例的契机。我们的任务很紧，一个月的时间要对作品的所有信息进行分析整理，所有的图纸都要重新绘制，还要制作大比例的模型来研究空间特征，我们最终要完成再现建筑的成果。从拿到陌生的图纸到慢慢了解案例的原委，我想要手工的痕迹铭刻在心生敬畏的建筑载体上。当我用钩刀在有机玻璃板上一道道刻画墙体砖缝的时候，当时也只是为了『纪念』。

事件：耶鲁大学建筑系馆，保罗·马文·鲁道夫（Paul Marvin Rudolph，美国，1918—1997）。

时间：1963年。

地点：美国，康涅狄格州纽黑文市。

『1969年火灾』——建筑的沉思

第三渡（第三天的故事）

保罗·马文·鲁道夫想用他的“灯心绒”式混凝土线条来阐述一切，他对于耶鲁大学建筑系馆的设计是近乎疯狂的。

鲁道夫在1954年的建筑师协会上有这样一段发言：“我们非常需要再次学习建筑的艺术处理手法来创造不同类型的空间—宁静的、围合的、遮蔽的空间，喧嚣忙乱、充满活力的空间，流光溢彩的、品位高雅的、巨大奢华的空间，甚至敬畏森严、鼓舞人心的空间，还有神秘空间……我们需要运用空间秩序来逐步调动人们的好奇心，让人有所期盼，这将驱使和诱导人们急切地向前走，发现一个个占主导地位的豁然开朗的空间，这将成为一个个的高潮，像磁铁一样引人入胜，并起着导向的作用。”（注释1）正如鲁道夫所描述，他将所有的观念都运用于耶鲁大学建筑系馆的设计中，更恰当的形容应该是鲁道夫亲自创作了一幅素描画，在画中运用不同的线条和笔触刻画了一个元素共融的场景。建筑的肌理也是这样，同样的混凝土却在不同的空间里雕刻出不同的氛围（注释2）。耶鲁大学建筑系馆呈现的是纹理混凝土的特征，这样作品看起来既具有艺术整体效果又具有单纯统一的肌理特征。纹理状的混凝土是建筑师在钢筋混凝土结构外又围合的一层30.48厘米厚的混凝土墙体，墙体是通过将混凝土浇筑到带有竖直肋状的木质模板中，去除模板再进行人工敲凿而成的。这样建筑的外表触感由于凹凸的纹理而改变了，鲁道夫认为竖直纹理的混凝土表面更

注释1：引自*the changing philosophy of architecture*，architectural record（August 1954），181.

注释2：在建筑的世界里最终影响结果的包含两个因素：一个是建筑师的创作意图，再一个就是现场施工的建造技术。对于许多建筑材料来说，在材料的形成过程中促成材料变化的因素影响越大，材料最终的呈现就会有更多改变的可能性。鲁道夫运用不同的材料表面处理创造了同一种材料的不同状态，就像采用不同的画法描绘同一个事物。

显亲切和柔和，建筑师在耶鲁大学建筑系馆设计初始的尝试阶段花费了很长时间，建造了数十个模型样品才获得满意的效果，可见鲁道夫对于混凝土尝试的极大热情。

所有的描刻阐述的是一个整体，统一中有变化，由此建筑系馆的氛围比素描画来得更为生动，鲁道夫想象着耶鲁建筑系的学生们穿梭于他笔触间的混凝土调子中，在充满理性基调的环境氛围中学生们也可以静下心来思考些什么……

然而沉静之下却略带有一丝沉重，1969年6月14日的晚上，一条火痕试图毁掉这片许久的宁静，悲剧性的一幕发生了，一场至今不知原因的大火严重摧毁了建筑系馆，火灾持续了几个小时。很多传言说，建筑系的学生们因为对于建筑馆的设计有所异议，而且再也无法忍受建筑系内压抑冷漠的气氛而焚烧了建筑。随后鲁道夫对于建筑馆火灾后的改建也完全不满，甚至于否认这栋建筑曾是他的作品。

这是一场闹剧吗，是建筑师在方案初始就犯下的错误吗？究其因果无人得知。

火灾不是对于建筑的负面评价，也许它只是单纯的政治事件，由于当时不明的社会政治因素。建筑系的事件并不能证明作品艺术性本身有任何问题，建筑的力量可以影响甚至改变一个人的情绪，建筑残酷的一面在此时无所顾忌地流露出来，无论事件本身带来的影响是正面的还是负面的，被人们有所关注才是最为重要的吧。

关于火灾绯闻：

有人说鲁道夫的耶鲁建筑系馆出色地营造出建筑原始材料所构筑出来的严肃静谧的「禁闭室」气氛，我们无法确定引起火灾的原因，也无法回到火灾现场去勘察，只能翻阅历史遗留下的照片来评判。整修后的建筑系馆现在就矗立在美国康乃狄格州纽黑文市的街道边上，我们可以随时去见证，但永远无法回到原始建筑和建筑师的意图面前去证实一切。

因为建筑带来的争议，建筑的性格又由谁塑造？有时建筑师创造的艺术是极具个人色彩的，未必会被大众接受，但是建筑最终要经受历史的考验，在历史中被承认才是建筑的性格。

第四渡（第四天的故事）

『5.12』——感动建筑

事件：汶川大地震援建计划成都市华林小学纸管过渡校舍，庆应义塾大学 SFC 坂茂（1957—）+松原弘典研究室，日本。

时间：2008.8。

地点：中国，四川成都，成华区。

有人说建筑师的职业是残酷的，因为它是战争和灾难过后大规模改造时最急需的行业，实际上，盖房子更多的时候是为了某些特殊的需求，毕竟建筑提供的总是避难的场所，无论是临时的还是永久的。

坂茂，日本著名的建筑师，自从发明了竹纸建筑之后，他就将此类建筑广泛应用于各类需要的建筑项目中。在2008年5月12日汶川大地震发生半个月之后，为了响应全世界的爱心支援，坂茂和松原参与了灾后援建项目（注释1）。在四川实地考察后，他们决定与当地的西南交通大学进行合作，计划以最快的速度重建成都市华林小学校舍。时间的限制成为项目实施的难题，另外一个难题是竹纸建筑在这里的实施成效最终会如何很难事先把握：竹纸建筑是否适合本地区灾后的临建、是否适应余震的影响、能否改善校舍条件不足等。这一系列问题被反复验证和研讨。在之后的一个月的时间里，坂茂和松原不断试验研究并成功在当地搭建完成了样板间，不同的是，日本庆应义塾大学研究室成员和中国西南交通大学的100多名志愿者取代了具备施工经验的工程师和技术人员，成为整个校舍项目的施工人员！最终工程在紧迫的时间内顺利完成，这完全取决于坂茂竹纸建筑便利搭建的科学性结构设计。不需要专业的技术人员，只需要具备计算机程序操控的技术和构件拼装在一起就可以了，完善的设计如同易家家居产品的组装程序一样清晰和便利。

一个月的奋战之后，614.4平方米的华林小学临时校舍建成，作为整体建筑的一组单元，有效面积内的功能已足够满足教学的需要。建筑的主要结构是直径为24厘米的纸管构造物，纸管作为主体承重结

注释1：2008年5月12日汶川地震发生之后，政府制定了紧急抗震救灾计划，首先要解决的是重修道路、重建居民住房、学校和医院等基础生活设施的问题。政府拨款2亿元，预计在2010年之前完成灾后重建基本设施的建设。坂茂作为国际爱国人士积极投入重建计划中来，他所参与的小学校舍设计正是灾后援建的重要项目之一，坂茂希望孩子们能够告别板房校舍，搬进崭新的校舍学习与生活。实践证明，坂茂纸建筑校舍为灾后孩子们提供了非常理想的学习环境，这一项目也极大鼓舞了灾后重建中的人们对于生活的热情。

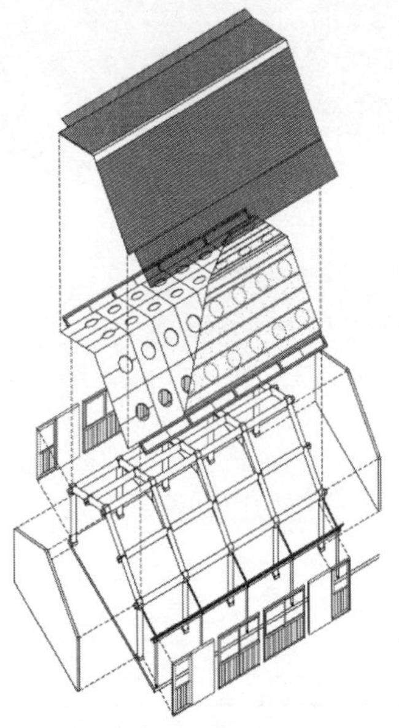

构可以搭建成各种造型。纸管的连接处是加固设计的木构件，每四根纸管和相应联接点处的木构件构成了一个组单元，整栋房子的主体结构就是由多个组单元组合完成的，并且这种特殊加工的合成材料长度和厚度可以随意改变，既防水、防火又可以回收再加工利用，是完美且没有缺陷的设计。校舍的墙面和天棚都是采用当地可轻松便捷获得的简易造房用材料，例如阳光板和泡沫保温板可搭建屋顶，各种厚度的木板和塑钢门窗可构筑成墙体，这些材料轻质、舒适，成为纸管主体结构建筑的辅助材料，值得一提的是坂茂十分注重建筑使用人的感受，为此校舍内的大部分家具也是坂茂为配合纸管建筑而采用特殊材料精心设计制作的，例如纸管构造的椅凳。

校舍一切的构件都是轻质环保的，而且极易建造。在有效时间内省时省力地建造，只有坂茂的竹纸建筑才能高效地完成。新校舍内清新的空气弥漫着纸的原始味道，这是自然的味道。孩子们坐在宽敞明亮的教室里朗读课本，灾难曾经带来的伤痕也会慢慢地被抹平。

在2008年的深秋，北京中国美术馆筹办了一次世界灾后应急建筑展，这是唯一一次在中国举办的世界级的应急建筑展，坂茂的竹纸建筑备受瞩目，竹纸的校舍再次呈现在展览的现场，外观虽不华丽，平凡中却渗透着不平凡的建筑观念。

关于坂茂的竹纸建筑：

坂茂是一位人道主义者，他提倡建筑师为灾难后有特殊需要的人们建造房屋，坂茂运用自己的竹纸建筑参与了很多公益性的建造项目，主要为灾难和战争之后的临时重建项目。坂茂最有名的竹纸建筑是他在2000年汉诺威世博会上设计建造的巨大竹纸日本馆。巨大的拱形厅由400多根纸筒组合构筑而成。竹纸原材料都是废弃的纸质品，在房子拆除后，纸质还可以再回收利用。实践证明，纸建筑可以应付不同的天气状况，隔热、防水、抗风。室内也不需要照明，因为纸质膜有很好的透光性。由于充分体现环保的新理念，坂茂的竹纸建筑获得了人们的认可。坂茂开辟了新的建筑发展领域，因而也获得了世界博览会建筑的最大贡献奖。

建筑的材料和工艺是决定建筑建造的基础条件，建筑与科学技术密不可分，建筑行业需要科技的支持，也受到现实条件的限制。虽然出自建筑师之手，但是建筑的艺术是世界创造的，建筑师不但要拥有超凡的想象力，还要博学和具备爱心。

第五渡（第五天的故事）

『3个生命的延续』——时代沉淀

事件：1933屠宰场，巴尔弗斯（Balfours，英国，1905—）。

时间：1933年。

地点：中国，上海。

2008年初夏，我第一次参观“1933”。

巨大混凝土核心柱是中空结构，原始的设计为天然的冷藏室，冬夏恒温。朝向西的建筑外立面上开着镂空的混凝土花格窗，没有密封的玻璃，以便场坊工人们在巴西利卡厅屠宰牛羊时通风，而且夕阳西下时被屠宰生命的灵魂也可以飞跃花格窗，归于天堂。圆形主体建筑的方形庭院加建有教堂尖顶的小祭奠堂，这是工人们在屠宰之后用以安抚惊恐的灵魂的场所……

英国的建筑师巴尔弗斯在1933年设计建造这栋“工部局宰牲场”，并由当时上海的余洪记营造厂协助建造内部空间。站在“1933”面前，在这庞大混凝土雕塑体内，我们需要探其究竟。2.63万平方米的整体建筑全部由钢筋混凝土结构构筑，位于中央的圆柱体主楼和位于东、南、西、北四方位的四栋配楼构成了建筑的主体，主配楼之间由悬浮于空中的廊道连接。从建造的科技发展来看，“1933”运用了当时非常先进的技术，例如“无梁楼盖”“伞形柱”和旋转坡道等，这些结构性技术有效地融合了雕塑造型的贯通性。只有建筑艺术与生产工艺共同实现了材料与空间形态的完美结合，才会铸就建筑的整体雕塑感。“1933”空间再现的是“屠宰流程”，直观动态的工厂作业造就了

建筑空间的高低错落和层次分明。因为主楼的人和畜总要通过最近便的途径通往配楼进行下一个作业，所以“连接通道”成为建筑内部空间的主要形态，甚至会在承重核心结构的混凝土柱旁设计有工人们逃生的楼梯，楼梯只符合一个人的身体尺度，目的是防止牛羊们也占据这个空间。

石头雕塑的表皮具有时代沧桑的痕迹，如果我们伸开手指触及逃生的楼梯栏杆，一丝冰凉和温暖，再闭上双眼，它会把我们带回到“1933”疯狂的年代：繁忙的屠宰现场，冰冷的石头群魔，屠宰头头们在喝斥着，辛劳的工人们的身影穿梭在气味浓重的屠宰室里，嘶嚎喋喋的牛羊猪马四处逃窜。

跟着牛儿们的路线我们爬升到主楼的屋顶，庞大放射状图案的玻璃屋顶覆盖住地面的空间，这是后人加建用以提供各类活动的场地。原始的建筑顶是通透的，整个场坊是半室内和室外的空间。四层加建的玻璃屋顶的外围完全是室外空间，坡道连通配楼的各个角落，满眼尽是楼、庭、桥、梯廊与坡道，人们在迂回的空间中嬉戏，全然忘了这里曾是残酷的屠宰场地。

同样的屠宰场全世界一共有三栋，如今两栋已销声匿迹，只有

位于上海的这栋保存完好，这是时代的沉淀。现在“1933”已经被改建成文化消费区，改建总设计师赵崇新保留了“1933”的原始气质，《磨出来的水泥世界》有赵崇新对“1933”的评价：“任何建筑都有三个生命：功能的生命、结构的生命和文化的生命。相对于‘1933’而言，功能的生命已经结束了，但是它给后人留下的是惊叹和美丽，它的文化生命将永远不会结束。”（注释1）

注释1：引自文章《上海创意中心：从屠宰场到名利场的改建》。

关于参观『1933』：

建筑纯功能主义的表现是直观的，没有任何装饰和多余，只有事件和时间在建筑表面留下的痕迹，建筑是时间和空间的沉淀，也是后人可以探索的事件载体。若去上海游玩，在闲游著名的上海外滩和金融大厦之时，千万别忘记去逛逛「1933」，「1933」这个承载了诸多事件载体的建筑还在继续着它的行程—是保留历史还是继续被「开发」，我们只有关注。现在「1933」内部已被开发为现代建筑的娱乐功能场所，包括餐厅和专卖店。「1933」的具体地址是上海虹口区沙泾路10号。对外开放，门票免费，讲解费300元。正门进门右侧为展示厅，介绍「1933」的历史。总之，「1933」需要我们亲临现场，感受其中。

第六渡（第六天的故事）

『一亿美金』——城市之瑰

事件：毕尔巴鄂古根海姆博物馆，弗兰克·盖里（Frank Gehry，美国，1929—）。

时间：1998—1999年。

地点：西班牙，毕尔巴鄂。

一栋建筑的诞生并非易事，一栋建筑的存在也不只是满足需要那么简单，建筑的背后饱藏着历史和人文的因素，建筑的建造也是极其艰难的历程。建筑的存在要经受住时间的考验，要克服现状与制约，因为只有不断地改变才能适应未来可能的所有改变。我不想定义某个结论，但毕尔巴鄂古根海姆博物馆的诞生已经证实了一切：建筑要深深扎根于人文环境，没有其他更为迫切的理由让一栋建筑成为必然的存在。

毕尔巴鄂古根海姆博物馆还没有诞生之前，它的身上就早已背负毕尔巴鄂市民对城市未来的期望。

毕尔巴鄂古根海姆博物馆诞生于西班牙的毕尔巴鄂市（Bilbao），这个城市曾经默默无闻，我们或许因为西甲联赛的排名曾关注过它。其实，毕尔巴鄂市有着悠久的历史。这个1300年就已存在的小城在15世纪曾是西班牙重要的港口城市，在19世纪的时候也曾因为盛产铁矿而繁荣兴旺，但在20世纪80年代的一次洪灾中，毕尔巴鄂被彻底地摧垮，工业滞怠，整个城市毫无生气。在这紧要关头，政府的一项复兴计划彻底地扭转了城市的命运，这项计划成为毕尔巴鄂古根海姆博物馆诞生的摇篮。毕尔巴鄂市有幸加入了古根海姆博物馆基金机构。要建

立一座现代艺术博物馆，这是一个明智的举措，毕尔巴鄂的原始资源条件不是很理想，既没有优美的景致又没有名人古迹，但却拥有西班牙式的热情与豪放。毕尔巴鄂市政府将博物馆的项目看成是重振城市工程计划中重要的一环，不惜投资一亿美金来建设这个项目，并邀请美国加州建筑师弗兰克·盖里主持设计这个项目。这位世界级的建筑大师倾向于表现主义的现代风格，喜欢塑造曲线的自由形态，天马行空的想象力也将建筑的定义完全颠覆，他的建筑更为贴切地说应该是巨型雕塑，并且拥有现代金属的外壳。

古根海姆博物馆基地位于毕尔巴鄂城市旧城区边缘内维隆河的南岸，同时这里也即将成为城市的新标志地，博物馆所在地正是游客们从城市北部进入毕尔巴鄂市的必经之路，在繁华的街道尽头，博物馆的风貌尽收眼底（注释1）。

整栋建筑占地24000平方米，内部设置有19个展示厅，其中包括全世界最大的画廊，拥有3900平方米的面积。建筑的方案设计采用先进的空气动力学软件技术支持，雕塑感的曲面造型完全依靠电脑绘制完成图纸设计，我们无法想象建筑复杂的形态大部分是由计算机的程序来完成深化设计的，只有借助计算机复杂程序的计算才有可能绘制

注释1：古根海姆博物馆也不例外，它的造型及其独特，如果乘坐直升机俯瞰整栋建筑，犹如看到盛开的花朵随风摇曳，建筑完全成为自然的景观，而当我们降落地面，将整栋建筑尽收眼底时，它又犹如抽象造型披着金属盔甲的船只，停靠在内维隆河南岸的一角，建筑入口景观更点缀着著名女艺术家路易斯·布儒瓦的巨大雕塑作品《妈妈》（钢和大理石的现代抽象雕塑）。据说盖里的设计原型来源于毕尔巴鄂的渔业游船，更加抽象前卫的建筑外观源于船的造型。

出空间中精确的点位。博物馆在内部构造上大量使用了钢材和玻璃，而它的专利在于表皮应用的钛金属板材，这是盖里的“专利”（注释2）。金属表皮覆盖建筑整个体量，为了营造博物馆的整体雕塑感，盖里甚至增建博物馆整体1/3高度的屋顶空间，以求建筑造型具有最完美的比例。屋顶空间内部不安排任何功能，建筑的外表皮即是空壳。实践证明，盖里的这一做法并不夸张，显然这块局部“表里不一”的增建屋顶让这尊船体雕塑看起来更生动和宏伟壮丽。当落日来临，整个博物馆层叠起伏，变换交错，犹如战船披着黄金的盔甲，光辉耀目。著名建筑师拉斐尔·莫尼欧曾这样感叹：“没有任何人类建筑的杰作能像这座建筑一般如同火焰在燃烧。”

毕尔巴鄂博物馆，单凭这壮丽的外观就足以吸引世界各地的游客前来参观，更不用提它所珍藏的经典艺术作品了。据说每年毕尔巴鄂博物馆接纳100万名以上的游客到这里参观，它的收入占到整个城市收入的3%，毕尔巴鄂博物馆也成功确立了“建筑外交”政策。这栋建筑不仅是城市花园中盛开的玫瑰，也已经成为毕尔巴鄂市的绝对标志性建筑，建筑师的智慧赋予建筑全新的使命，毕尔巴鄂博物馆为毕尔巴鄂的复苏带来了希望，也将改变一切的命运（注释3）。

注释2：盖里在他的诸多建筑作品中采用钛金属材料，钛金属重量轻、质地坚韧并耐腐蚀，钛金属与铂金熔点接近，因此常用于军工精密部件和太空材料。据说盖里钟爱鱼的造型与表皮质感，他很喜欢采用钛金属板材来模仿鱼鳞的肌理特征，钛金属表面质地与色泽较其他金属板材保持持久，板材较易切割，因此这一特殊建筑表皮的处理手法也成为盖里建筑作品的一大特征。

注释3：建筑没有固定的身份，建筑存在的意义即是他的标签。建筑可以阐述一段历史，也可以成为一个城市的代言，建筑可以实现一个建筑师的梦想，也可以吞噬一个创造者的毕生精力。正是毕尔巴鄂博物馆的夸张形态，极大地改观了毕尔巴鄂市的保守与传统，改变意味着生机。

关于建筑师弗兰克·盖里的私宅：

弗兰克·盖里（Frank Gehry）的建筑作品完全是艺术品，毕尔巴鄂的古根海姆博物馆是他的「巨型雕塑」之一，要提及建筑师早期的最富有创意的建筑艺术当数他的私宅，他借助波形板、铁丝网、加工粗糙的金属板等廉价材料将他的梦想编织起来，搭建起来，建筑建造的概念被模糊了，到处是构筑、拼贴和无秩序。他是在挑战想象力，我们看到它会有什么样的感触呢……

第七渡（第七天的故事）

『1884 年至今』——建造传奇

事件：圣家族教堂，安东尼·高迪（Antonio Gaudi，西班牙，1852—1926）。

时间：1884 年至今。

地点：西班牙，巴塞罗那。

如果回到神的时代我们或许可以长存，一栋建筑如果仍然矗立，可以成为“活着”的象征吗？当我们驻足巴塞罗那圣家族大教堂的面前时，这样的问题会变得不足为奇（注释1）。

圣家族教堂，西班牙建筑大师安东尼奥·高迪的代表作，位于西班牙加泰罗尼亚地区的巴塞罗那市区中心。圣家族教堂是一尊仍然还“活”着的建筑体，因为它至今还没有真正意义上的“诞生”。教堂一直都还没有建造完成，从1884年开始直至今天还在继续，有人说圣家族教堂预计到2050年才可以竣工，也有人相信这仅仅是一个保守的数字！如果说圣家族教堂鬼斧神工的个性外观是这栋建筑的相貌（注释2），那么它久久未能竣工的事实则成为它内在的性格。

教堂传统的方形哥特式尖塔在顶端演变为雕有镂空图案的圆形塔，这是世界上最复杂的手工雕塑群，9对18个圆形尖塔分别代表耶稣的12个信徒、4个传教士和圣母玛丽亚，170米最高的塔象征着耶稣。塔身的边缘镶嵌着怪异的造型装饰，石材的表面雕塑成风化的痕迹，无人能知晓高迪创造它们的真正用意。教堂内布满倾斜的柱子，各个小礼拜堂设置其中，建筑室内立面上的图案概括了几百种抽象动植物造型的装饰线条，寓意基督的降临将带来生机。教堂内60米高的

注释1：教堂于1884年开始建造，至今仍在续建中。高迪自1883年起主持设计这项工程，他倾尽了43年的心血，使圣家族教堂成为这个城市的灵魂，并成为世界上最著名的教堂景点之一。圣家族教堂主要为哥特式风格，整体造型倘若林立的塔林。

注释2：圣家族教堂拥有极具个性的外观，建筑师高迪不喜欢直线，他大量采用曲线和波浪线，变幻多端的造型才是他描绘自然的工具。

平台还设置有电梯可以将游人运至85米高度的瞭望台，在那里我们可以浏览整个巴塞罗那的美景。

教堂的造型象征寓于巴塞罗那的宗教圣地蒙特赛拉石头山，内外皆由石头砌筑。石材雕有棱角，群石耸立，变幻多端与光怪陆离令大自然都要膜拜。然而，教堂“超自然”的手法并不是当时的技术能够实现的，西班牙的鬼才建筑师安东尼奥·高迪设计了独一无二的石膏模型来翻铸独特造型的建筑表面，待模型完成后再由建筑工人等比例放大，这时需要工人们手工雕凿塑形！如果我们的想象力足够丰富，脑海中就会勾勒出雕塑家们即兴雕塑的场面，可这作坊似的人工雕凿似乎又与这庞大高耸的建筑体量有些格格不入，因为即便在今天高科技支持下的建造技术也很难实现，所以我们根本无法了解当时圣家族教堂到底是怎样进行建造的（注释3）。圣家族教堂建造的特殊程序使它定格为现场即兴的“雕塑”作品，没有完整详尽的施工稿可供参考，工人们唯一能够参考的仅是高迪不断设计修改完成的模型坯子（注释4）。

如果是崇高的蒙特赛拉石头山的信仰让高迪诱发出不可抵制的想象力，如果是建筑不可轻易预测和肆意挑战的庞大尺度让高迪一遍

注释3：现在大部分建筑设计在初步方案确定以后，可以由计算机程序辅助完成方案的深化设计与表达，例如模拟真实建筑造型的3D效果与绘制建筑施工图纸等，这也是现代建筑设计必不可少的科技支持，而在当时根本没有计算机软件可以辅助设计，所以许多复杂构造的建筑在实施的阶段是相当有难度的。

遍不断地修改和推敲模型，如果是高迪个人对自然的狂热让他脑海中离奇的怪异造型只得现场“即兴”的呈现，那么所有的这些行为也自然成为不可复制的程序，如今哪个后人还能效仿出来呢？直到今天，一代代的建筑师们也只能根据这留下来的模型建造教堂未完成的部分，抑或他们继续的不仅仅是教堂的实体，而是在延续高迪的精神与信仰吧。

每到礼拜日，人们经常会在没有封顶的教堂墙壁的围合中完成宗教礼拜，伴随圣家族教堂没有走完的历程一同前行。我们凝视着色彩斑斓的马赛克玻璃窗，悉心聆听着建筑师还未完成的夙愿，仿佛这一切是置身于宗教的童话场景，那么紧邻而又久远。

此时此刻，蒙特赛拉石头山教堂的造型犹如上帝光辉的锋芒指引着天堂的方向，我们凝视着圣家族教堂，进入它的世界，情感与传奇交织在历史的空间中，空气中的信息通告我们事件还没有结局，圣家族教堂的灵魂将会成为永久……

注释4：在建筑设计的一般程序中，在建筑方案的研讨阶段，建筑师们需要制作大量的模型来比较研究方案的可实施性，再配以图纸的说明，这样方案的表达才能够清晰确定。不幸的是高迪在1926年教堂还未建设完成就已辞世，没有人可以精确地继续他手头的建筑模型，也没有人能沿袭他的方式继续建造。

一个人的生命可以为他所爱的付出，建筑是我们可以倾注爱的，他可以让一个人疯狂，同时，建筑也给予人们爱，因为他创造的艺术可以让我们认知生命的真实与价值。

关于建筑师高迪：

安东尼奥·高迪（Antonio Gaudi）代表了巴塞罗那的精神，他在这个城市奋斗一生，留下的是荣耀与辉煌。有人说他是天才，也有人说他是疯子。高迪孩童时患有严重的风湿，致使他不能和其他孩子嬉戏玩耍，那时他有了独处的习惯并对自然界的事物产生了浓厚的兴趣。他喜爱植物、动物。自然的一切新生事物都会吸引他，这对他之后的创作产生极大的影响。高迪提倡再现自然的唯美与精神，是新艺术运动的倡导者。高迪的性格怪异，人们称他为「鬼才」建筑师。高迪的作品除圣家族教堂外，还包括古埃尔公园、米拉公寓、巴特罗住宅和吉埃尔礼拜堂等，这些作品都划入世界级文化遗产行列。

第八渡（第八天的故事）

『1600平方米石雕』——噩梦还是美梦

事件：米拉公寓，安东尼奥·高迪（Antonio Gaudi，西班牙，1852—1926）。

时间：1906—1912年。

地点：西班牙，巴塞罗那。

安东尼·高迪的另外一件作品——米拉公寓，似乎在阐述另外一个事实：建筑不单是存在，而是跨越时间和历史的复杂事件，只有建筑师才知道所发生的一切。米拉公寓的建筑历程也一直在重申这个主题。

建筑项目中甲方任务书的具体要求提出之后，建筑师才可以根据要求进行设计，从方案到图纸到施工，这个过程是建筑实施的必要阶段。而高迪似乎不太在意这个问题，在整个项目建造的过程中从未见过高迪详细的建筑图纸，米拉公寓的业主米拉夫妇对此非常惊讶！可是，米拉公寓最终还是建造完成了，并且是以惊人的面貌示人，难以想象的夸张造型和难以揭示谜底的建造过程都给米拉公寓蒙上了一层神秘的面纱，只有高迪明白这一切！

高迪向往“自由”，他的行为近乎疯狂，无论是在工地还是在家里，高迪都沉浸在自己的精神世界里。建筑成为高迪生活的全部，唯一能够吸引他的只有关乎建筑的一切。对于他所创造的一切艺术的价值来说，高迪可以称得上是一个名副其实的天才，因为他的建筑再没有第二个人可以建造。有人问高迪到底是疯子还是天才，这个答案也只有上帝才知道。

1860年的春天，巴塞罗那市政府希望实施城市街道的新开发，在帕塞奥·德格拉西亚大街的拐角处，社会的上流人士米拉夫妇邀请鬼

才建筑师安东尼·高迪为他们建造可以租赁的大型集合住宅，后来住宅以米拉夫妇姓氏命名为“米拉公寓”。米拉公寓与圣家族教堂一样都是高迪留给世人的稀世作品，在建筑历史的长河中，高迪的艺术再无后者，这栋神奇的建筑就像是怪诞的“行云流石”，成为聚集众多艺术风格的灵魂胜地巴塞罗那的最大亮点，而米拉公寓无论是在建造时还是在建造之后，建筑本身承载的事件才是舆论关注的热点，始终被炒得沸沸扬扬。

高迪并没有特别在意建筑应该怎样去吸引人群或者为特殊使用人群建造而限制方案的设计初衷，高迪只想让建筑能体现自身的价值，也只想让人们为之疯狂。于是高迪的手法让米拉夫妇为之震惊，这栋建筑的造型难以想象，米拉公寓并不遵循建筑的直线条，建筑的内外全部是曲线的设计，犹如上帝的神来之笔。面临当时并没有计算机辅助模拟制图的技术，曲线的建筑界面到底应该怎样落实到施工图纸上以及应该怎样具体的实施成为摆在面前的现实难题。高迪解决方案的整个过程让人匪夷所思，初步方案确定不久，高迪想出了解决办法，他认为解决之道就在于现场的即时设计！当框架式的建筑骨架结构搭建起来之后，高迪用石材将“骨架”全部包裹起来，合理的结构性支撑造就了米拉公寓可以采取自由分隔空间的墙体设计，石材的肌理构筑外观，可塑的石材拼接雕琢成曲线的造型 “流动”于建筑的表皮之上

（注释1）。建筑朝街的立面开有窗户，植物造型的巨大阳台成为石头墙壁的主要装点，废弃的金属边角料也摇身变为蜿蜒造型的阳台围栏。鬼斧神工的建筑形态让米拉公寓演变为城市的巨大雕塑，石头洞穴的公寓入口是汽车和马车的出入空间，米拉公寓具备最现代化的功能设计，尽管它出众的外表让我们忽略了这一切，但如果我们仔细寻找，就会发现米拉公寓更为独特的设计。公寓的地下层由通道连接，马车的通道是螺旋状的坡道，有钱绅士的汽车和达观小姐们的马车顺着车道而下，把车停在停车场，把马停在马厩，客人们再搭乘电梯到达客房层，人车分流，十分便利。值得一提的是，米拉公寓是当时世界上第一栋设计有地下停车场的旅馆建筑！

米拉公寓也具有某种意义上社会阶层剥离的意味，在当时，只有拥有权势的新兴贵族才能租得起米拉公寓的套房，这栋超规模的旅馆建筑不流于表面的贴金，生活的品质渗透于米拉公寓内并不算“豪华”的客房，而居住人群从中得到的是最高层次的精神体验。1600平方米的基层面积是整栋建筑的一层面积，我们可以把米拉公寓的平面形态想象成为横剖的莲藕茎根，1600平方米的面积被掏去两个近似于圆形的中庭，其他部分安排为各户户型，类似于现代住宅一梯4户的

注释1：建筑的建造通常情况下是先搭建骨架，支撑起建筑的整体框架，再处理表皮及外观，米拉公寓也是先支撑起建筑基本骨架再附以雕琢的石材以装饰表皮。

概念（注释2）。中庭是米拉公寓的共享地带，高迪非常重视建筑的实用性功能，特别是设备方面，米拉公寓良好的通风效果换来的是干净清新的空气，空调设备在这里完全可以不用，因为每一户都大胆地设计有开往中庭的窗户，每一户也都可以享受中庭温暖的日光。在视线穿透走廊的对面，每一户都上演着生活的剧目，靠近中庭的空间是蜿蜒曲折的公用走廊，人们在墙体流线的转角处永远无法判断对面迎来的会是哪一位朋友。于是在中庭围合空间的廊道内，人们的角色也在瞬间转换，被动转向主动，又转向被动，所有的“窥视”行为总是偶然而无法预测的。

一层的接待大厅，植物藤蔓装饰的线条布满墙壁和天顶，自然的肌理和色彩缠绕优雅的大台阶爬升至中庭的二层，那是通往米拉夫妇住宅的专用楼梯。建筑的整个二层是米拉夫妇的私人空间，1600平方米的豪华大宅装修极具个人风格，米拉夫人生活的品位很高，她希望室内所有的家具和装修都要比建筑外观的趣味更加浓厚。当然，业主对建筑内外风格统一设计的要求也正顺应高迪的意愿，于是抽象植物造型的金属门把手、荷叶造型的连体木头椅以及走廊安全梯的波浪形墙裙也同样出现在二层的转角空间。米拉夫妇非常重视公私分明的空

注释2：现代集合住宅交通核在每一层都设计有几个户型的使用面积，每层公共空间的概念基本只能体现在出入电梯前的门厅。米拉公寓在每层除了上下交通核的联通外，两个较大面积的中庭完全扩大了每层『公共空间』的使用面积，中庭的设计也是现代住宅设计中极为奢侈的空间处理手法。

间使用权，为了避免人流的交错，高迪在大厅安装了当时最先进的技术设备——电梯，这是专门为租赁者提供的便利通道，住户们可以略过二层的米拉私宅直接抵达租赁的楼层。当然，电梯的特赦楼层也会抵达米拉公寓的神秘空间，一条位于套房和屋顶之间的通道。通道内砖砌结构的拱顶空间像是通往教堂祭祀的秘道，不同时间的光线都可以透过这里墙壁的窗，在通道的地面留下时断时续的光斑，有人说这是高迪为虔诚的米拉夫妇预留的圣堂！

米拉公寓最神秘的空间其实另有所属，永久性的雕塑艺术品展场就设置在米拉公寓的屋顶之上，怪诞造型的小尺寸教堂尖顶、似神似人的石头雕塑围合成迷宫的屋顶平台，参观的人群不会意识到这是在一栋租赁公寓的屋顶而是感觉仿佛在童话森林中探险。其实，在这些怪离的造型之下，高迪安置了建筑必备的通气设备，包括烟囱和水池，风化外观的教堂尖顶屋檐下留有排烟孔，废气在通向烟囱的端口处就已被分解掉了，所以我们根本不会看到烟气飘渺的形态！

米拉夫妇有远大的目光，他们邀请鬼才高迪为他们建造房子时早就意识到要“担当风险”，然而他们并不十分清楚高迪的个性和生活状态，在米拉公寓建造过程中，经过几轮交流之后，他们甚至被激怒过好几次。看不到详细的图纸、建筑费用的严重超支，还有外界舆论的压力都几次激发他们的矛盾，可高迪并不在乎这些，他坚持遵循自己的意愿，谁也无法阻挠他的行为。

高迪一直在思考米拉公寓的建造，直到建筑建成之后也没有完全中止过。

关于米拉公寓建造历程：

米拉公寓在建造过程中不断引发社会舆论，越临近竣工矛盾越加剧。由于超负荷的工程量，米拉夫妇由于资金问题要求高迪在规定时间内完成，可对于高迪来说这个要求根本无法实现，于是矛盾更加激化。由于无法抵挡社会的舆论，米拉夫妇只好将高迪告上法庭，并拒绝支付其余费用。虽然后来米拉夫妇败诉，高迪拿到了应有的报酬，但是当时米拉公寓的未来无法预测。

几个月后，米拉公寓被政府没收作为抵押，高迪的报酬全部支付给了慈善机构，米拉公寓的风暴终于消散。不知道是悲剧还是闹剧，米拉公寓留给我们的仍是传奇，这栋世上绝无仅有的建筑和圣家族教堂一样，是值得我们记忆的伟大艺术品！

事件：波尔多别墅，雷姆·库哈斯（Rem Koolhass，荷兰，1944—）OMA事务所。
塞西尔·巴尔蒙德（Cecil Balmond，斯里兰卡，1943—）。

时间：1994年。

地点：葡萄牙，波尔多。

『11米悬挑』——漂浮的盒子

第九渡（第九天的故事）

有时似是而非会满足我们的幻觉，现实的世界也会活跃在童话的边缘，我们孩童时梦想成为小鸟飞向天空，超乎自然的幻想和浪漫，虚拟中的现实可以成为存在于现实世界的动态转化，在现实与梦幻中间变换辗转，波尔多住宅想要证实建筑可以飞翔的可能，建筑师雷姆·库哈斯跟结构工程师塞西尔·巴尔蒙德在电话中的通话被记录下来，言语显示库哈斯想要波尔多别墅可以“漂浮”。

在一块凸起的山坡地段，四周被层层的绿色包围，山坡坡顶的视野可以望向远处灯光迷离的城市边缘，波尔多别墅的基地就置身于仙境般的山野林间。房子的主人买下了这块地，希望自己的住所能够建造在世外桃源的绿野中，并且可以俯瞰脚下繁华的都市。

远离了大地就有了想远离现实的尝试，业主的意愿让建筑师有了决策：“让房子悬于地上吧，希望其中居住的人们能够感受到空间与时间的转换。”业主的家庭成员包括一对恩爱的夫妇和两个孩子，爸爸在一次交通事故中不幸伤残，生活有格外的不便利，急需这个多功能的“居住设备”来弥补与改善。波尔多住宅想要满足这个残疾人的畅行无阻，于是这个漂浮的盒子拥有了一部配备现代化设备的电梯，它可以连通建筑的两个垂直层面自由升降，主人可以实现来去自如。现在只剩下让房子悬于地上，这样才能真的“俯瞰”脚下的繁华都市！于是工程师开始从力学的角度来解决这一难题，房子的“漂浮”具体

表现为一个建筑实体悬浮于空中，这种建筑形式虽不新颖，但在重力的驱使下对于怎样漂浮和营造不同的漂浮状态却成为真正的难题。童话在这里即将要转变为现实，建筑成为一个实体的盒子，因为被“悬挂”所以产生了“悬浮”，悬挂是由受力的构件完成，那是一个埋入地下基础的钢筋构件，悬浮由实体盒子下部的钢筋混凝土核心筒在局部支撑实现，拉力与支撑力来维持平衡，依据的是力的相互作用原理（注释1）。

建筑的最终形态在漂浮中建立起来，那是一个完整的混凝土盒子，壁厚25厘米，悬挑出惊人的11米。盒子囊括了所有的居住空间，主要是卧室，卧室的墙壁上开启了好多个自由分散的圆窗，宽阔的视野和充足的光线溢满整个房间。配置轻盈玻璃墙体的起居室就安排在悬浮实体的下方，那里的视野极好，对玻璃墙外的世界是开放的，对玻璃墙内的世界也是开放的，通透而明亮。起居室的下面设计为一个地下室，满足建筑储物的功能需求。

雷姆和塞西尔诠释的别墅漂浮是建立在“结构至上”的，塞西尔说：“在基地还荒芜的时候，在我的脑海中，我已经看到这个别墅漂浮起来了。”微妙的结构关系又建立起建筑的另一种美学，冷酷的钢筋混凝土也可以如此浪漫。

注释1：建筑形态的确定经历了曲折的过程，这个房子中的父母，项目的建筑师和工程师们，一直苦苦思索于影响建筑终态的各个因素，他们敏感、固执甚至大吵大闹，母亲像担忧孩子般难以取舍，项目初期的各个建筑在被动无奈下被取代，这个过程对于建筑师来说是必然的，波尔多别墅形态变化的过程很多是由于造价的限制，这也是建筑领域无法逾越的法则。

关于推荐书籍：

建筑建造的过程也是建筑师创造的过程，从图纸到施工的过程中也会出现实际的问题，建造过程的曲折我们无法感受到，我们唯一能够看到的是过程之后建筑不俗的呈现。为此推荐一本书，在这本书中，我们可以详细了解波尔多住宅「漂浮」的艰辛，也会详细了解波尔多住宅建造的整个过程。（英）塞西尔・巴尔蒙德.*informal*异规.马卫东 李寒松 译.北京：中国建筑工业出版社，2007.

关于结构工程师塞西尔·巴尔蒙德：

关于结构工程师塞西尔·巴尔蒙德：塞西尔·巴尔蒙德（Cecil Balmond）1943年出生于斯里兰卡，他是世界知名的结构工程师，专注于创新结构的建筑形态研究，他与许多建筑大师合作建造了大量具有结构创新挑战的构筑物和建筑物。他崇尚数字原理，喜欢将数字规律和音乐作为视觉元素来体现几何结构的动感韵律。他的近期作品包括纽约新世贸中心和中央电视台总部大楼等。

设计依托于人与自然的和谐、人与自然的对话，环境成为创造一切的素材，人成为在其中行动、运动的元素，人与自然的故事如此自然地发生着，生活即是如此。

关于建筑师雷姆·库哈斯：

雷姆·库哈斯（Rem Koolhass）1944年出生于荷兰，曾是音乐人，也当过记者。1968年转行学建筑，曾就读伦敦建筑学院Architecture Association。库哈斯对当代文化环境下的建筑现象有着独到的见解，他因为从事过不同领域的工作而具备与职业建筑师与众不同的视角。在1972—1979年间，库哈斯曾在彼得·艾森曼的纽约城市规划建筑研究室工作并积累了大量经验。1975年，库哈斯与同事创建了OMA建筑事务所，通过大量的理论及实践研究，来探讨当今文化环境下现代建筑发展的新途径。

第十渡（第十天的故事）

『院宅』——现代四合院

事件：院宅，『建筑营』建筑事务所（2008年成立）。

时间：2009年。

地点：中国，北京，东四。

北京四合院是历史遗产，具备中国人传统观念的地域性特征。建筑的艺术也有归属感，有时是具体的形象，有时是意会和哲学。可以说，四合院特殊的住宅模式影射出一个民族的生活方式，风水里的房屋占位，东西南北的阶次等级，围合讲究的是庭院寓意，“四合”为实，“庭院”为空，空接着上下之气，通天通地。庭院聚集四合的厢房，聚四面八方为一体，也是聚气的场地，聚合着人气，讲究的是中国人的“和气”，如果细说起来，宅院便是四合院的精髓了（注释1）。

宅院反过来就是“院宅”（本文建筑案例简称），从字面意思理解，院宅包含宅与院子。“宅院”是先有宅才有院，以宅为主，配有院。“院宅”，似乎以院为主，配有宅。这就有趣了，“四合院”一定是有了四面围合才称得上是院，“院宅”也正是这个意思，在这个以四合院为基础的空间模式住宅中，“院”就自然成了建筑的基准点。

“院宅”是坐落在北京东四胡同的私人住宅，尽管位于北京老四合院的场域内，可是“院宅”内的一切都是极现代的。主人的要求是私宅不仅要能住还要有画廊和工作室。院宅的功能要求完全按现代人的生活所需，但传统的空间模式已不能满足，面积的要求只是最基础的层面，房间使用功能的气氛更需要用空间的语言来描绘。现代建筑解

注释1：北京四合院是北京最有特点的传统居住形式，「四合」指东、南、西、北围合成「口」字的内院形式。四合院虽为住宅建筑，却是中华传统文化的载体，四合院讲究风水之说，其精髓即是营造天、地、人之气的「均衡」，以达到和谐关系。

读空间使用功能的方式也不止于此，因为空间使用者的行为也会给空间以其他的定义。改变空间的模式就是改变人的生活模式，因为与四合院（以下简称合院）的居住人群不同，作为“院宅”，居住的人是要求完全私人化的，所以公共转变为私人，原有的“公共”庭院转变为院的“分散”，以达到“私有化”的目的。

如果我们比较院子的范围和个数就会清晰地看到，聚拢人气的一个院子转变为分散的几个院子，并且分散的院子与“宅”的空间交错融合，院中有宅，宅中有院，院子和宅甚至不在一个平面上，空间的语汇重新演绎“合院”的定义，公共和私有的行为相互转换，这就是“院宅”对于合院的现代解构。

于是，红线面积为9米×14.5米的宅子被分割成垂直空间的3层，总体上有9米高，一个呈长方体盒子的宅子中心是成为三层的交通核心步行梯，它占据的位置取代了“合院”中心庭院的位置。从地下层的画廊兼工作室开始，垂直空间的路径分别为一层的公共会客空间和二层的私人居住空间，院子就分散在“宅”的四周，东南、西北、西南方向各有一个。院子跨越好几层的宅，透过宅的玻璃可以感受到院子的气息，西北的院子与入口融合为一个场域，也就是说入口是半开敞的室外空间。宅中有的院子种竹子，有的院子有莲池，有的院子有顽石，静谧雅气。有时透过宅中的宅可以看到第二个宅的院子，有时透过一

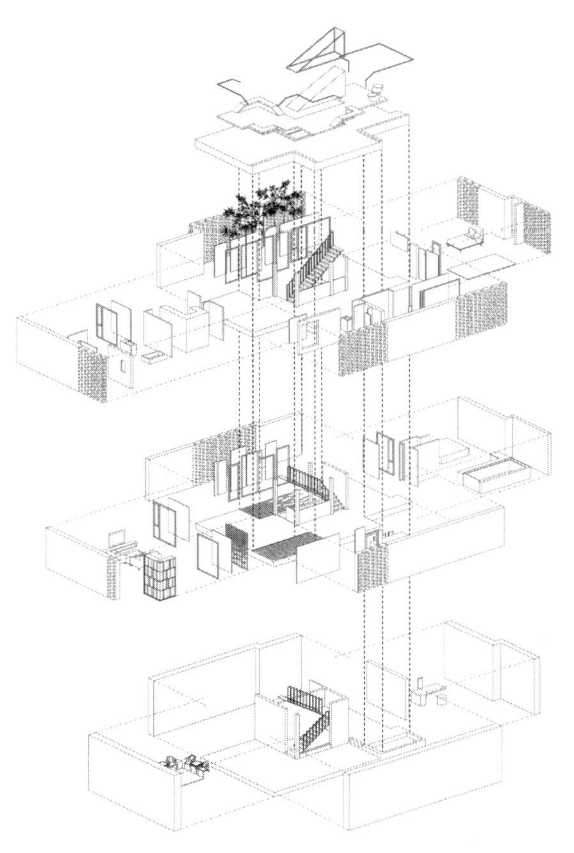

层宅的院子可以看到二层的宅，由此院子的作用也显而易见了，成为宅的空洞，带进来的是户外的新鲜，带出去的则是户内场景的延伸，院最终成为交流的媒介。

如果我们退居宅的外围，可以惊奇地发现，院和宅完全被“包裹”，沿袭传统样式的陶制灰砖砌筑成了建筑的外垒，四合院老房子的幽幽身影似乎在砖的缝隙中即将重现。借助现代语言的重新演绎，老房子被换上了新装，砖的砌筑也被改变了，打破了原有的模数，时而相间砌筑，时而被“拉开”。砖的镂空使砌筑的整体墙被拉伸，留下镂空的缝隙，如同会呼吸的皮肤，砖墙也有了生命的气息。对于外面的世界，尽管“院宅”的内部完全是另一番景象，院子内的视野却是开阔的，透过镂空的部位可以清晰地定义“院宅”表皮的界面关系。当然，关于砖砌筑的密度还关乎满足甲方对房屋隐蔽性的要求。

现在，“院宅”变成了院与宅的游戏场所，它的表皮清晰地划分为内与外的空间，“合院”的气场是外收内扩，符合东方的气质，“院宅”也是，只不过是用了另外一种方式，这种方式是探索性的，可以引发我们思考。

空间语汇成为“建造”新的方式，空间在内部的“扩充”上创造了丰富的层次，活泼紧凑的空间合理地布局，在围合而流动的空间嬉戏。当最终攀岩到“院宅”的屋顶花园，空间完全开敞，此时您必然会感叹“院宅”的深沉和轻松，一种以空间内外转换的方式探索传统与现代结合模式的试验场从此建立起来。

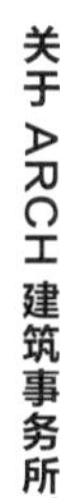

关于 ARCH 建筑事务所：

不断创新是建筑创作的必然之路，虽然建筑行业在中国的发展是相对缓慢的，但是只要不断创新就会有所前进。本土建筑师们一直在努力这么做。ARCH建筑事务所又名建筑营建筑研究事务所，虽然事务所2008年刚刚成立，但却是探索先锋建筑艺术的实践场地，ARCH事务所一直以来致力于研究建筑与自然的一体化设计，注重建筑理论与实践的结合，更注重建筑内外空间品质的追求。A2H的作品理性又充满创造力，不拘泥于一种建筑模式的探索实践，为A2H带来无限的契机，这也是中国本土建筑师正在努力去做的。

『两条交错轴线』——永久记忆

第十一渡（第十一天的故事）

事件：柏林犹太人纪念馆，丹尼尔·里伯斯金（Daniel Libeskind，犹太裔建筑师，1946—）。

时间：1992—1998 年。

地点：德国，柏林，第五大道和 92 街交界处。

犹太人的悲剧我们都有所了解，很多部电影和诗集也演绎过这段不堪入目的历史，当刻骨铭心的悲痛被小心翼翼地封存时，柏林的犹太纪念馆则以纪念碑的形式悼念人们心中这段不可抹去的回忆。

建造可以永久存留的纪念场所，时而触动人们内心深处的感叹，这种方式只有建筑可以肩负，柏林的犹太纪念馆生来就带有悲情的色彩。

我们仔细观察建筑的平面布局，会发现两条轴线清晰可见。小说的故事情节是借助线索来贯穿整个故事的发展动态，在心理暗示下故事的推理是确保我们读完整篇小说的动力。犹太纪念馆的两条轴线在占地面积3000平方米的建筑功能内以图形化的交错形态呈现（注释1），一条是曲折的线，代表犹太民族寻求自由之路的艰辛，一条是直线，暗喻历史的残酷与阻截，两条轴线的交错是碰撞与摩擦，犹如两条闪电撞击后留下的痕迹，是挣扎和无法轻易抹除。

交错的碰撞没有停留，而是延伸至整个建筑的表皮。锋利夸张的建筑外形态让人想到战争和撕裂，这栋耗资1.2亿马克的博物馆表皮由镀锌铁皮金属板铺设，开有大大小小的“撕裂”的窗，窗的构造由建筑的表皮渗透到结构内部，形状也十分不规则，十字锐角刀口形、

注释1：这里的图形化主要指建筑平面图形，常作建筑轴线分析用图。

关于博物馆的建造：

纪念馆的建造有过一段艰辛的历史，在1988年柏林博物馆扩建的设计竞赛中，建筑师丹尼尔·里伯斯金的方案中标，可就在1990年德国统一后，政府决定要取消该项目的建设，理由是要把有限的资金用于东部城市的基础建设。可是当时的投标项目已经备受国际关注，临时取消项目必然会带来负面的舆论。一场「群众来信」的运动恰在此时拯救了这个方案，人们呼吁一定要建造这个纪念馆，政府因不愿承担来自群众的压力而决定建造它，有趣的是方案中标的建筑师丹尼尔·里伯斯金（Daniel Libeskind）正是犹太人的后裔。

利器划过的一字形，战争与屠杀留下的“伤口”比子弹穿过的痕迹还要深，满处是伤痕累累和被撕裂后的藕断丝连。

纪念馆的内部展示的是犹太民族两千多年的发展史，德国纳粹迫害和屠杀犹太人的悲惨画面历历在目。

一条长长的楼梯通往展厅的各层，楼梯的通道空间由不规则的混凝土横梁斜穿过去，压抑和刺痛的感觉隐隐再现……穿过展厅回转到两条轴线的交汇处是截断主要参观路线的“卡口”，空荡的混凝土大厅没有任何线索，空灵让人感到悲伤……冷漠的混凝土墙体直通天顶，倾斜的天窗投射着微弱的光，那是犹太文化被驱逐之后留下的空白……展厅的四壁都是倾斜的，旅途尽是艰难险阻才能抵达自由的出口吧……新的博物馆成为旧馆的扩建，入口处的走廊将通往不同的方向，不知前方等待我们的会是什么……“集中营的气闭室”内部是黑黑的高塔，没有光线，只有两片墙体交界的缝隙会呈现一缕光，室内没有任何摆设，空空的只有参观的游客。

走廊的另一端通往“逃亡者之园”，园内的49根混凝土柱子顶端生长着茂密的灌木，园子的地面是倾斜的，我们寸步难行，这是犹太人“逃亡的路线”。稀疏的脚步声迂回在混凝土柱群通往广场的出口，走到这里故事没有了结局。2003年的秋天，当我踏过“逃亡者之园”的最后一节台阶时，阴沉的天际突然闪现出一缕阳光，一切都变得明朗了。

关于博物馆的展览：

据官方网站信息，博物馆还设置了拉斐尔—罗斯学习中心以及研究部门。学习中心采用多媒体形式，除办有展览之外，还对德国犹太人的文化及历史有详细介绍。我们可以通过互联网络研究犹太人的历史及文化，网站将会通过历史照片、录像、动态地图和文字说明等方式向我们阐述犹太人艰难、绝望同时又抱有希望的逃亡生活。

建筑从诞生就有特殊的价值，不只是满足纯功能的需要。建筑是个复杂体，扮演着太多的角色，最重要的是建筑也能成为情感的载体。

事件：科威特博览中心，圣地亚哥·卡拉特拉瓦（Santiago Calatrava，西班牙，1951—）。

时间：1991—1992年。

地点：西班牙，塞维利亚。

『一双开合之手』——生命动线

第十二渡（第十二天的故事）

建筑师圣地亚哥·卡拉特拉瓦1951年生于西班牙的巴伦西亚市，他具有特殊的双重身份：名副其实的结构工程师和杰出的建筑师。

在建筑界里，工程师与建筑师是不同的专业，在项目进行中两者需要相互配合才能应付复杂的建筑结构问题，卡拉特拉瓦同时具备两者的双重身份，这在建筑界也实属罕见。

因此，卡拉特拉瓦的建筑完全与众不同，结构即是建筑，建筑即是结构。作为一名结构工程师，卡拉特拉瓦可以将建筑的结构之美与构造之美完美结合。作为一名建筑师，卡拉特拉瓦又可以精确传达结构与建筑的美学关系。

时常看到的超大尺度的结构体成为建筑中的“异形”，这一类形态通常又表现为“有机的形态”（注释1），有机的结构可以“生长”，表现出 “生命”的迹象，最终我们从卡拉特拉瓦的建筑中感受到的即是生命的力量，充满希望。

我们翻阅建筑师的草图手稿时，会发现卡拉特拉瓦非常喜爱绘制人的骨骼和动物的飞翔，他也时常将自然的东西与工程学中涉及的力学结构进行结合。卡拉特拉瓦认为力学可以辅助这些美丽的动态瞬间并生动地表现出来。在鲜活的生命体中卡拉特拉瓦可以找到运动的骨骼和生命的体态，建筑师的创作灵感一直都来源于自然界的生命。

注释1：有机建筑是具备「生命」的建筑，「自然」成为有机建筑设计的主要灵感来源，有机建筑追随自然的概念并赋予建筑「活」的气息，因此是建筑形式与功能统一体的设计，重点表现在建筑的外部形态与材料结构的内在性能结合为一体并共同塑造建筑的整体性格。

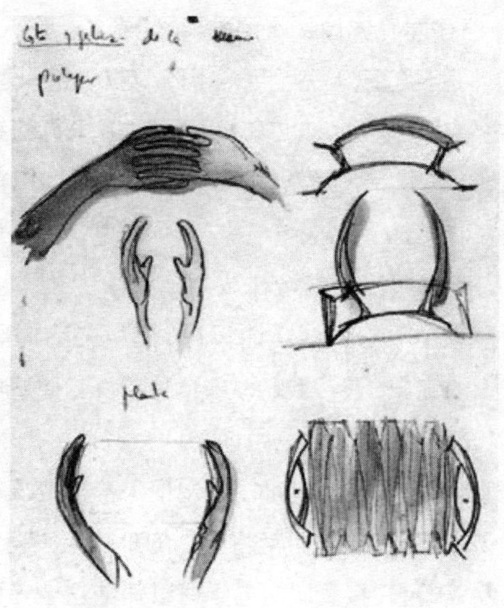

尽管生命的概念可以有更多的理解与寓意，建筑的语汇却是更加抽象与含蓄。尽管具有历史存留意义，建筑的“延续”在过往的空间与时间中才得以实现，但是“有机形态”的建筑却是以更加单纯和直接的形式来演绎生命的运动轨迹。借助惊人的外观和拥有巨大能量的动态特征，卡拉特拉瓦的运动中的建筑在我们面前展示出它的全部，当它太过耀眼和具备想象力时，我们因此也变得暗淡与贫乏。

卡拉特拉瓦的科威特博览中心是简单的和给人带来希望的建筑。建筑的草案画的是合拢的手和张开的手指。科威特博览中心最终展现的是一对放大的手，夸张的结构拥有像手一样的形态和温柔表皮的材质。这个庞然大物的张开与闭合明确了它的动态特征，超尺度结构的支撑部位由先进的机械装置电脑控制，它可以根据不同的时间段控制手指状的构造合拢与张开，建筑时常成为带屋顶的广场，时常又筑起高耸的围墙。

科威特博览中心在逐级变化的过程中，光线成为一切的主导，建筑的生命迹象最终通过光线不断变化的投影来重新定义。影子映射出运动状态中结构的意向，百叶的手指状构造、投射韵律的条纹影子会在不同的时间段变换，描绘出一种静谧的动态线条。

光线掠过科威特博览中心不断运动的“手指”的缝隙，投射下来的影子同样是温柔的动线，影子的空间映射出浪漫如微风般的气息，而我们感受到的同样是生命的气息！

关于圣地亚哥·卡拉特拉瓦的双重身份：

卡拉特拉瓦是出色的结构工程师，因此他的许多设计会关系到结构工程项目，他设计了威尼斯、都柏林、曼彻斯特以及巴塞罗那的桥梁，也设计了里昂、里斯本、苏黎世的火车站。他的建筑作品还包括密尔沃基美术馆、世贸中心中转站、雅典奥运主场馆、阿拉米罗桥等。卡拉特拉瓦借鉴技术的力量探究创造美的途径，以自然界的规律创造超乎人工的产物，他创造了独特的技术美。

关于圣地亚哥·卡拉特拉瓦的『生命的体态』：

运动的建筑突破了传统的建筑观，卡拉特拉瓦的建筑总是能引起人们共鸣，总是有人欢呼雀跃于他的建筑太美了，他的建筑总是让人联想起有机生命体的生命构造，唯美的和瞬间的，抽象的美总是能以建筑的方式具象地表达，这是生机与建筑的结合，这开辟了建筑的新领域，在卡拉特拉瓦的建筑前就像是欣赏一幅绘画，到处是生命的气息，一幅巨型尺寸的画，大到将你整个包围，让你的身心都在它美的辐射范围下升华，这就是圣地亚哥·卡拉特拉瓦建筑单纯的美，有机生命体的建筑转化。

第十三渡（第十三天的故事）

『19位建筑师』——建筑师团队

事件：普埃塔酒店，建筑师团队。

时间：2002—2005年。

地点：西班牙，马德里。

普埃塔酒店的项目策划是疯狂的，酒店的赞助方将一个酒店拆分为19个部分，分配给19位建筑师设计建造，其中的7位建筑师完成酒店公共设施部分的设计，其余的12位建筑师则负责酒店总共12层的客房设计，项目的策划者邀请每一位建筑师设计一层，这表明酒店将会拥有至少12类不同风格的客房户型。

疯狂的策划项目带来的成效是预计之内的，酒店的落成比预期的关注度要大得多，好评如潮。酒店各层客房的建筑外观效果处理为统一材料和装饰风格，建筑的外观掩藏了内部的“秘密”，其实在普埃塔酒店方案还未实施之前，“建筑师团队共同打造”的理念就已经注定了它的成功。

普埃塔酒店建于2002—2005年，建筑总面积34000平方米，这栋外观并不太华丽的酒店带有西班牙的热情和浓厚的地域气息。鲜红色钢板轻巧地搭接构筑成酒店的主要外立面，那是每一层客房窗户可以撑开的遮阳盖，当清晨的阳光照射进推开的窗门，我们就会回到热情浪漫的西班牙。轻盈的屋顶设计有连接建筑的垂直交通，帆船形态的装置造型不单是装饰的雕塑也是酒店招牌标志性的象征。每一位建筑师采取自己擅长的设计手法，将自己的创意全部通过不同的造型、材质和色彩表现出来，当我们搭乘酒店的升降梯时，无法预想下一层的未知世界。

在酒店的地下停车场，意大利设计师特里萨（Teresa Sapey）将

其营造成为一个灯火通明的场地，完全改变昏暗冰冷的停车场设计，“我想让停车场能够吸引人们的目光”，特里萨给与普埃塔酒店的礼物就是让游客从进入停车场开始就感受到酒店的与众不同。

当我们进入酒店最为重要的功能空间时，最能聚集人群的接待大厅是由英国的建筑师约翰·帕逊（John Pawson）设计的，这里功能齐全，配备有商业会议室和休闲俱乐部，温馨柔和的木板材料构筑成曲面的空间，再配以宜人的灯光，大厅让人感觉优雅舒适。

扎哈·哈迪德（Zaha Hadid）还在继续着她独特的艺术见解，在酒店每层1200平方米的面积内设计了28套客房，扎哈继续“边缘介质”的流线空间，在有效的面积界限内做到无限界限的消解，柔和的灯光设计成为融合空间的有效措施，一直延伸至客房内的墙壁覆盖所有功能设备并与流动墙体结合在一起，扎哈的“未来”居住空间就位于酒店客房的第一层。

诺曼·福斯特（Norman Foster），这位英国的建筑师将酒店二层的客房取名为“象牙塔”，犹如名字，客房内隔绝了一切纷扰（注释1）。如果与福斯特的“象牙塔”相比，日本建筑师矶崎新创造的空间是另一种平静，在酒店第10层的客房空间中，矶崎新（Arata Isozaki）的格珊窗日式空间带来的是东方文化的空间遐想，而金属质感的天棚和床背又将我们拉回到现代西方的社会（注释2）。

美国建筑师理查德·戈拉克芒（Richard Gluckman）则是运用神秘的宝石蓝色几何装饰划分酒店第9层客房的墙面，空间散发着

注释1：诺曼·福斯特（Norman Foster），1935年出生于英国，是「高技派」建筑的代表人物，「高技派」崇尚机器美学和技术美感，诺曼·福斯特的建筑造型和风格追寻高度工业技术的设计理念，其作品往往采用轻质高强的建筑材料进行建造，建筑同时也具备多元化的功能及现代美学的外观气质。

注释2：矶崎新（Arata Isozaki），著名的日本建筑师，1931年出生于日本大分市。矶崎新的作品兼具东西方文化的设计思想，并运用现代建筑的设计风格体现传统文化与现代生活的结合，建筑表现形式夸张，注重细部设计，并往往带有西方的简洁与东方的细腻。

凝固后的神秘气息。塞维利亚·维托里奥（Vitorio）和卢奇诺事务所（Lucchino）则运用绚丽时尚的色彩和图案营造活力四射的生活空间，那是在酒店的黄金层——第5层。

在酒店7层的客房内所有功能需求的分隔墙体都整体连接在一起，构成了一个连续的曲线，曲线尽头围合成圆形造型的双人床，配置圆形的吊顶和温馨的灯光，我们可以在那里自由地行走而不觉乏味，这是由具有超强想象力的英国建筑师伦·阿纳德（Ron Arad）设计的客房。

酒店的4层是最为夸张的室内设计，英国的Plasma事务所将客房命名为“神秘的几何”。可以想象吗，从走廊通道开始一直切入各个客房内，无数的三角几何钢板搭接在一起，旋转延伸向走廊空间的尽头，布满了地面、墙壁和天棚，直至客房内。客房内是几何的世界，几何的钢架元素占据所有空间，又继续延伸到窗外，客房变成了迷宫……

如果继续下去，还有我们期望的各类风格客房，自然的，地域的，前卫的，虚幻的……普埃塔酒店是世界上拥有最多样风格客房的超级酒店，也是世界上唯一一栋汇集19位建筑大师共同创作完成的建筑作品，从策划、设计到建造，事件本身就是一项壮举。

9层「盒子概念」，理查德·戈拉克芒（Richard Gluckman），美国；第10层「和式情致」，矶崎新（Arata Isozaki），日本；第11层「图形之谜」，贾维尔·马瑞斯考（Javier Mariscal），西班牙；第12层「十二层上的自由」，让·努维尔（Jean Nouvel），法国。设计团队还包括酒店其他部分设计的建筑师：特里萨·萨佩（Teresa Sapey），意大利；约翰·帕逊（John Pawson），英国；克里斯汀·雷让（Christan Liaigre），法国；伏那多·萨拉斯（Fernando Salas）西班牙；哈里特·伯纳（Harriet Bourne），英国；乔纳森·贝尔（Jonathan Bell），英国；阿诺德·陈（Arnold Chan），英国；菲利普·戈多（FelipeSdezde Gordoa），西班牙。

——摘自《室内设计与装修》，电子杂志，2006年第5期，52页。

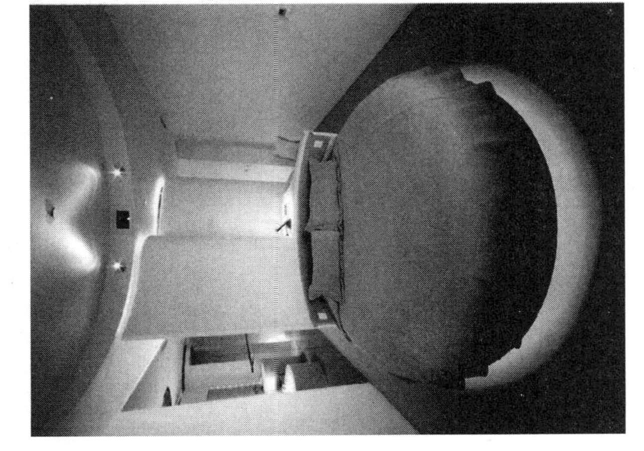

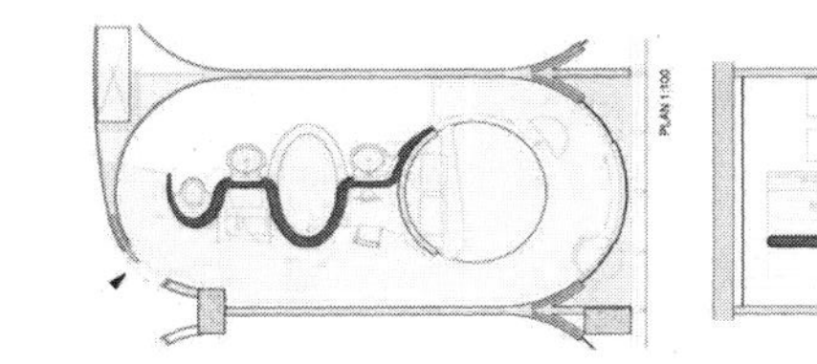

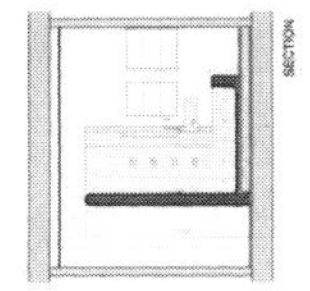

关于 19 位建筑师：

公布普埃塔酒店的建筑师团队成员名单不仅仅展示的是建筑师的名字，而是要通过他们的名字成就普埃塔酒店的奇迹。每一位建筑师也给他们各自的设计起了好听的名字：第1层「数字游戏」，扎哈·哈迪德（Zaha Hadid），英国；第2层「象牙塔」，诺曼·福斯特（Norman Foster），英国；第3层「黑与白」，大卫·齐普菲尔德（David Chipperfield），英国；第4层「神秘的几何空间」，Plasma事务所，英国；第5层「缤纷色彩」，塞维利亚·维托里奥（Vitorio）和卢奇诺事务所（Lucchino），西班牙；第6层「冷暖世界」，马克·纽森（Marc Newson），澳大利亚；第7层「圆」，伦·阿纳德（Ron Arad），英国；第8层「云中漫步」，凯瑟琳·梵德雷（Kathryn Findlay），英国；第

事件：卢浮宫的金字塔，贝聿铭（Ieoh Ming Pei，美籍华人建筑师，1917—）。

时间：1981年。

地点：法国，巴黎。

『20年验证』——金字塔之战

第十四渡（第十四天的故事）

改造后的卢浮宫也有一个金字塔。

改造前卢浮宫的窘境很多不为人知。如今我们要去参观卢浮宫，一定会逛逛卢浮宫金字塔下的繁华街区：书店、商店、文化中心，金字塔下的空间不但成为连接卢浮宫各个展厅的地下通道，而且是卢浮宫新的集汇空间。不仅如此，鲜为人知的卢浮宫金字塔（以下简称金字塔）不但成为卢浮宫的“新生”地带，而且成为最有争议的历史建筑改造项目之一。

金字塔的由来有一段曲折的经历，那是在复杂动荡的社会背景下建造的。我们难以想象国家级历史建筑的改建扩建项目将会有多少附加的难题需要最合理的方案来解决，这无疑增添了卢浮宫金字塔更多神秘的色彩。

激进的1981年，法国选举了新总统。新官上任的弗朗索瓦•密特朗忧心于法国战后衰败的艺术氛围，为了鼓励艺术的发展，他成倍地拨款以改革文化艺术公共建筑，第一个目标就是法国巴黎的文化象征—卢浮宫。这个兴建于1200年的菲利普•奥古斯都年代的华丽城堡曾在拿破仑三世被增建。

从那时起到现在，卢浮宫完全不具备一个正规博物馆的基础条件，它只是一座奢华的城堡，它不能够满足7万多件艺术品的陈列与储藏。在卢浮宫整个可利用的空间中，90%的面积都用作陈列，地下室没有恒温恒湿的控制设备，昏暗的走廊成为游客唯一的通行路线，模

糊的出入口让人无法辨别方向，想要快速寻找到《蒙娜丽莎》的原作完全不可能。据说巴黎人都很少来卢浮宫游玩，因为他们都深知那里条件的恶劣，可以说当时卢浮宫的命运已危在旦夕。

法国的建筑师们对此项目忧心忡忡，他们都做好了要为国家献力的充分准备。可是“事与愿违”，伟大的法国新总统弗朗索瓦·密特朗将这一重任结结实实地压在华裔美籍建筑师贝聿铭的肩膀上。

贝聿铭是出了名的温雅绅士，任何建筑师都没法与他的绅士气质相提并论，这是大家所共知的。贝聿铭的身上总是散发着敏捷、激情而内敛的气质，他能与任何一个层次的人轻松交谈，彬彬有礼而不失原则，他的口才一流，那是源于他的博学多才。可是，难道只是因为他的温文尔雅就赢得了新总统的青睐与信任吗？答案是“确实如此”！贝聿铭严谨科学地分析法国历来知名建筑设计的利弊，分析当下社会形势，分析未来建筑可以带来的外延效应以及关乎建筑背后的城市的历史人文关系，分析得无一不让人信服。但是，这只是其中的一方面，贝聿铭的作品与声誉早已证明了他的魅力与地位，法国的艺术需要注入新的生机，总统自信的判断力足以显示法国政府的决心，据说这也是法国唯一一次没有正式招投标的重大项目案例！

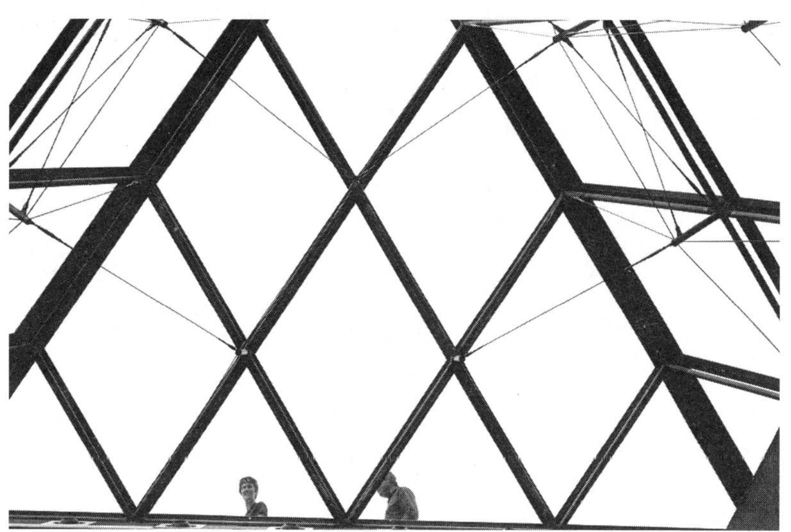

贝聿铭被推上了一个极其尴尬的境地。法国政府的这一举措也引起了国内一片唏嘘，没有人相信一个传承中国文化的美国建筑师有改造卢浮宫的能力。于是，卢浮宫改造事件一直成为法国人谈论的话题，社会的舆论也犹如浪潮般摇曳着法国政府这个违背民意的决定，金字塔的战争从此开始了。

贝聿铭的方案必将经受时间的考验，因为“舆论”不允许他犯错。敬业的贝聿铭将全部精力放在老建筑扩建工程的研究上，他曾花费几个月的时间系统地考察卢浮宫的运作和周围环境的状况，包括观察环境中人物的状态。在长达几个月的精心筹划之后，崭新的建筑方案诞生：通达的交通长廊贯通宽敞明亮的陈列室，富足有余的储存空间配以搬运艺术品的专用电梯和电力货车，豪华的会议室、高档舒适的餐厅、超级购物广场、随处可见的艺术书店，所有一切现代博物馆应具备的硬件设施都存在于贝聿铭的新方案中。

原卢浮宫仅有的半地下庭院将成为卢浮宫新馆的标志性出入口。贝聿铭认为入口一定要有标志性的体量与空间，这就形成了现在我们所看到的金字塔造型的半地下庭院（注释1）。而关于为什么是金字塔，贝聿铭的解释是：“它是一种很自然的解决方案。”（注释2）

注释一：在建筑设计中，建筑的入口部分功能很重要，也是建筑的「标志性」部分。公共建筑的入口功能是吸引人群进入，因此如果设计有聚集人群的空间场所将会比较理想，同时这部分空间也将成为建筑外部空间与内部空间的过渡区域。建筑师对于建筑项目入口部分的把握在一定程度上也能够体现建筑师对于整体建筑设计的控制能力。

注释2：引自《贝聿铭传》，如果我们仔细观察和理解就会发现，法国很多建筑都具备抽象的三角形图案，三角形这个原始的稳定构造一直在延续着古老、理性而又尖端的文化基因，那是一种崇高的象征性的含义。

于是，卢浮宫的金字塔终于建造完成了。在社会舆论不断冲击的日子里，在人们还处处投以质疑的目光中，金字塔自然地被慢慢接受。人们开始赞美它，人们满足于金字塔下现代舒适的聚会环境，人们被玻璃金字塔折射出来的灿烂光芒所吸引，卢浮宫金字塔所具有的“荣耀”征服了他们。

当古老和现代、西方和东方偶然碰撞时，一定会激发矛盾并产生结果。金字塔的故事至此成为传奇，贝聿铭也因此成为法国人民所爱戴的伟大建筑师。

然而，建筑师的经历并不鲜为人知，伫立于卢浮宫前的金字塔正在用历史与时间继续着它的故事。

关于推荐书籍：

建筑师的伟大不仅体现在建筑作品上，而且个人修养也是很重要的。一位受人尊敬的建筑师是具备「人格魅力」的，优雅、绅士、博学多才。建筑师的作品有时不能展现他的全部，但和建筑师的谈话将会充满新奇和乐趣，因为在他的话语中我们总会探知到建筑师最原本的设计。这里推荐《贝聿铭传》这本书，这是一本读起来很轻松的书，不仅是介绍作者和作品本身，更为重要的是书中表明的是一种生活态度和建筑师的世界观！

——《贝聿铭传》（美）迈克尔·坎内尔.倪卫红 译.北京：中国文学出版社，1996.9.

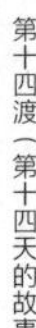

关于贝聿铭：

贝聿铭（Ieoh Ming Pei），美籍华人建筑师，1917年出生于广东，1935年远赴美国留学，先后就读于麻省理工学院和哈佛大学，1983年获得普利兹克奖。贝聿铭被人们誉为「现代派设计大师」，也曾被称为「美国历史上前所未有的最优秀的建筑家」。贝聿铭的主要代表作品有香港中银大厦、美国华盛顿特区国家艺廊东厢、法国巴黎罗浮宫扩建工程、北京香山饭店等。

第十五渡（第十五天的故事）

『10根椎体演变』——自然与科技

事件：菲诺科技中心，扎哈·哈迪德（zaha hadid，英国，1950—）。

时间：2001—2005年。

地点：德国，沃尔夫斯堡。

在2010年7月3日《筑梦天下》的专题栏目中，主持人这样评论一栋房子：“是从地表连根拔起却还藕断丝连的有机体，还是从天而降凭空俯瞰地球的外太空飞船？一座裸露水泥包裹的质朴建筑内部，却别有洞天；一颗向天下人证明的勃勃雄心，却无须赘言；在粗粝的外表之下，却有一颗柔软的心。”

这是对位于德国沃尔夫斯堡的菲诺科技中心（以下简称菲诺）的真实描述。沃尔夫斯堡又有“狼堡”的称呼，这座个性的城市除了拥有卓越的汽车工业以外，在2005年又拥有了一道靓丽的景观——菲诺科技中心，它是世界上最大的现浇清水混凝土建筑。经常会有很多成功人士带着他们的孩子在汽车之城沃尔夫斯堡提前感受工业和科技的时尚魅力，同时他们也在用憧憬未来的眼光审视着菲诺科技中心内外的一切。扎哈·哈迪德，一个强悍的女建筑师设计建造了这栋神奇的建筑，它拥有夸张的巨大体量和特殊的结构体系，科技中心内的新奇事物更是吸引着孩子们前来体验、学习和玩乐。这里一年四季总是汇集着不同的人群，他们会预留最为惬意的心情前来休憩游玩。

扎哈在建造菲诺之前有这样一段思考：“我们要建造这个房子了，它将会很不同，可能主要是因为它的形状，但我也花了很长时间去思

考它应该如何矗立？应如何占据这块土地？有的房子非常漂亮，却不适合这里。这里的建筑应该是重量级的，于是我放弃了最初的想法，想要让它稳稳地站立，它应该占据并引导它周围的一切……”（注释1）

不久之后，扎哈理想中的建筑真的慢慢“生长”而成了。这栋房子只有16米高，但足有几百米长，像从地里长出来的一样，没有夸张修饰的入口，像是大地突然隆起一部分，因此它的外观质感也是极朴素的，与大地融为一体。此时，我们已经落入扎哈布下的“陷阱”，因为人们总是难以控制对于质朴表观里面的好奇，想要探个究竟？这栋建筑并不遵循常规而是制造了特别，入口处看到的只是从地下生长出来的倾斜锥体柱子，类似于植物的根或是山脚。这些锥体每一个看上去都很特别，体量也尤为惊人，表皮呈现的流动混凝土被小心翼翼地塑形（注释2），平整林立。一如既往地裸露浇筑模具的痕迹，也一如既往地回归原始的建造！

在这里，巨大的锥体自由地排列，并且“扎根”于大地，每一根锥体都拥有明亮通透的玻璃窗和折叠门，那是锥体通往外界的媒介。10根椎体的内部都兼顾不同的功能，酒店、咖啡厅、商店和书店，甚至是卫生间和工作管理间，一个个锥体彻底活跃了建筑的基层空间。锥

注释1：引自《筑梦天下》栏目影像资料。

注释2：混凝土的流动性主要是指混凝土拌合物在自重或机械振捣力的作用下，能产生流动并均匀密实地充满模型的性能。混凝土的流动性在混凝土浇筑过程中影响最终的建筑外观。

体群的天顶是镶满“钻石星空”的洞穴，因为网状混凝土构造的框架内安置了必要照明的灯效。10根锥体中的5根继续承担着负重机能而升至建筑的二层，这里的氛围完全不同，完全开放的空间展示的是自然与科技相关的装置内容，因为没有墙体限定，展厅也没有明显的界线，自由的氛围非常适合展示有关自然的主题。回归火山坑和峡谷的自然山体形态，隆起和凹陷，流动形态的空间也没有一个被废置，装置影像的展场聚集了几乎所有休憩的人群……下沉成为“洼地”。这里的参观没有起点和终点，人们自由地穿梭于流动的空间，这里也没有神秘的角落，有的只是人们开放的视野，所有的一切都是“流动”的。

建筑成为景观，界限越来越模糊，《筑梦天下》中评论说：“菲诺的德语拼写为Phaenomenal，意思是‘来自自然界’，后来指独一无二和不同寻常的事物。”扎哈为科技中心取这个名字是别有用意的，她的“地景式建筑” 新概念正是名字的用意（注释3）。菲诺既朴实又华丽，同时，作为现代化的高科技建筑，菲诺也运用了计算机先进生成技术，结合手工浇筑技术构筑了一件巨大的建筑艺术作品，混凝土连贯的表面谱成一篇韵律完整的乐章，此时粗犷的混凝土也会显得轻盈飘逸。

当夜晚来临，集会的人们欢聚在菲诺锥体广场，他们不知不觉已成为这座城市最跳跃的景观元素，而赐予他们这个展示机会的正是扎哈穿越时空般的无限创造力。

注释3：功能与形态的完美结合一直以来是建筑艺术所追寻的，「地景式建筑」在建筑语汇中指模仿景观的建筑，建筑往往与景观相结合，实现与基地环境的契合关系。菲诺科技中心做到了这一点，它成为崭新概念的景观建筑。

关于扎哈·哈迪德：

要知道在建筑的领域里基本是男子的天下，而女建筑师扎哈·哈迪德（zaha hadid）拥有的强大力量是来自她无与伦比的个性与智慧。扎哈的建筑毫不吝啬地体现女性更为敏锐和独特的建筑观，尽管作为建筑师的扎哈表达方式更趋于直接和未来。这位出生在伊拉克的英国籍女建筑师曾获得2004年建筑业最高荣誉普利兹克奖，这是普利兹克奖授予全世界第一位女建筑师的奖项。扎哈经历了辉煌的成功之路，她的作品总是能吸引我们的眼球不自主地去探寻建筑的隐私，就像宇宙黑洞具备魔幻的超现实力。扎哈也是一名绘画艺术家，她喜欢结构主义的绘画，她的建筑图纸也是一幅艺术作品。扎哈推崇时尚，并走在时尚的前沿，她穿三宅一生的衣服，也时常设计自己的产品，例如家具与鞋子。

事件：中银舱体塔楼，黑川纪章（KISHO KUROKAWA，日本，1934—2007）。

时间：1972年。

地点：日本，东京。

『60年代的乌托邦』——舱体建筑

第十六渡（第十六天的故事）

因为想要实现最美好的意愿，所以感觉有些“远离现实”。黑川纪章的舱体建筑是想要满足人们美好意愿而存在的建筑，所以它看起来有些不真实。“建筑由人创造，是要反映人们意愿最直接的媒介。”中银舱体塔楼以最特别的方式建造，表达人们最直接的意愿，起码在20世纪60年代，它是一个特别的例子，也是时代的产物。

建筑的世界也充满喜剧和悲剧，故事的结局不是由任何人可以定夺的，而是由事件本身肩负的历史使命掌控着，这是建筑不可逃避的宿命。还记得令人沉迷的科幻题材的影视文学作品中描绘保卫地球的战士遨游于宇宙的场景吗？人们期盼理想科幻的新生世界可以预示未来，如今我们的生存环境还是现实中的现实，幻想的场景很难在现实生活中实现，但我们至少会理解当时人们向往着乌托邦式的生活，期盼着生活会朝着理想化的目标改变。无论在历史的什么时期，生活中的新生事物都会替代老的事物，所有的都会改变，人在改变，思维也会改变，从此乌托邦式的思考成为我们的“理想与期望”。

在20世纪六七十年代的日本，乌托邦的意识早已成为共识而广泛传播，距历史记载，1960年日本的新生代建筑师发起了口号为“新陈代谢之新城市主义”的设计运动。新陈代谢是个双关语，不仅表示新旧的更替，建筑师们更希望这场运动会换来城市生存模式的更新，而这个更新更要依托于无限的创造力和技术的支持。社会发展的渴求驱

使着城市的建造者们秉承着乌托邦的理想信念，规划着城市未来的蓝图（注释1）。于是科幻世界里未来的舱体飞船停留在地球表面，真的舱体建筑被实现，这是全世界第一个也是最后一个真正意义上的舱体建筑。

中银舱体塔楼瞬间聚焦全世界人们的眼球，被人们誉为科幻般的“未来”建筑。舱体的所有尺寸模数化并由工厂批量生产，每个混凝土材质的舱体都具备3米×3.8米×2.1米的体积，矩形的长方体盒子朝阳面开有一扇舱体才有的圆窗，这个很小的容积，却功能俱全，配备有床、储物柜、厨房和卫生间。镶嵌在舱体墙壁上的电视、电话也一应俱全，单元舱体的设计是只提供一个人居住，但是满足了人类生存空间所需的所有基本元素。中银舱体塔楼是在“新陈代谢”运动中以最彻底的方式阐述乌托邦思想的实体方案，140个舱体被悬挂于13层高的两栋主核建筑体上，单元居住单位不规则的插接方式组建了舱体的集合式住宅。在东京最豪华的街区，在城市喧嚷的高速膨胀氛围下，这栋带有舱体的塔楼像是临时堆积的积木群，与周围体态中庸的建筑群相比，它总是显得格格不入。

按照中银舱体塔楼的设计者黑川纪章的说法，他的灵感来源于宇

注释1：在20世纪六七十年代，日本正处于大力发展的阶段，城市缺少公共建筑，为规划用地提供所有的契机，人口急剧增长，住房问题更成为热点。

宙飞船。黑川纪章的名字很酷，就如他的人，深沉而执着。他在上学时，就有将房子建造成舱体模块的想法，这个前卫意识的理想主义者幻想着城市的未来模式，幻想着人们可以自由支配住所的空间，幻想着舱体建筑能够成为实现人们乌托邦式居所的理想驻地！但事实上，无论舱体建筑真正实用价值有多大，中银舱体塔楼的命运在2007年险些被彻底改变。一个不解的事件发生之后，中银舱体被披上悲剧色彩的外衣，在刚刚建成几年之后，这栋世界上少有的独特建筑即将被拆除，而按照黑川纪章的规划，它最少可以存留200年。

可是拆除的命运并不是因为建筑的老化而是另有他因，如果谈起究竟，这确实有些无奈，据说中银舱体的住户在入住不之后全部搬离了塔楼，原因是落后的材料不能有效地更新，电气设备也过于陈旧，人们再也受不了如此低效率的生活环境了。尽管黑川纪章早有规划要每25年更新一次舱体的设备——如果能不断更新中银舱体完全能够实现建筑新陈代谢的循环进化，这是建筑未来的模式——可是事与愿违，塔楼的房主们不愿支付更新的费用，开发商也早已推卸了责任，也就在那一年黑川纪章突然离世。此时，这栋建筑已没有任何理由继续维持，也没有任何人愿意继续赞赏，所有不利的因素都已指向它，“它应该被拆掉！”不但人们的意愿如此，对于开发商来说那也是一块很

关于黑川纪章纪事：

1934年，出生于日本爱知县。

1962年，发表《舱体结构宣言》。

1968年，建成东京太空舱夜总会。

1968年，建成万国博览会天体展示馆的舱体屋。

1972年，建成中银舱体塔楼，2007年被宣布拆毁。

1976年，建成大阪索尼大厦，2006年拆毁。

2007年，中银舱体塔楼即将被拆除。

2007年，竞选东京都知事候补委员落选。

2007年，竞选参议院议员再次落选。

2007年10月，黑川纪章死于心梗。

黑川纪章倡导：「自然的建筑」应是通过传统的方式和最先进的技术将不同文化建筑的模式结合起来的建筑。

值钱的地皮！终究是中银背负的历史使命决定了它的命运还是社会的需要决定了这一切？不得而知。建筑有时要面临残酷的生存和灭亡，命运由谁掌控还是永远无法改变。

2007年中银舱体塔楼已经划入世界遗产建筑的行列，如果真的让它消失，那段“新陈代谢”的历史或许就没有那么生动了。鉴于这一项殊荣，建筑的拆除被延期，中银舱体的存在此时已经决定了它的命运，同时也创造了不可逾越的价值。

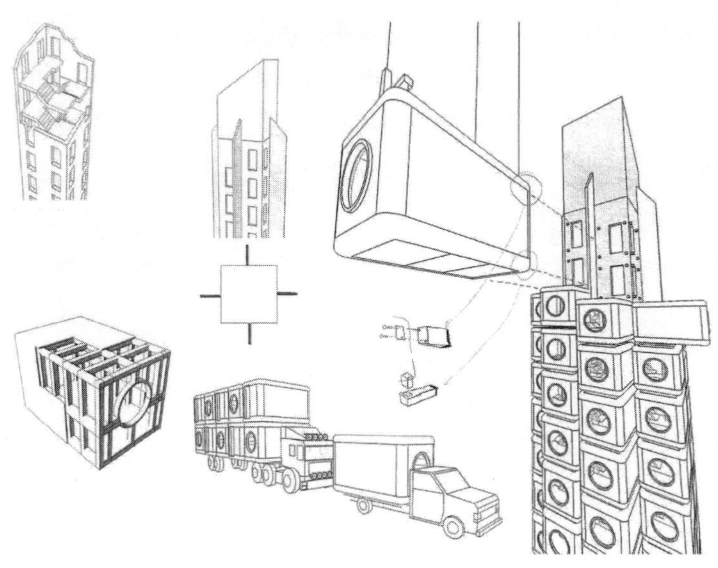

建筑的命运一部分由建筑师把握，一部分归于历史掌控，而建筑师的责任更为重大，他们即为创造者就要经受一切的考验，这就是建筑师的命运。

第十七渡（第十七天的故事）

『79台涡轮机』——旋转塔

事件：迪拜旋转塔，大卫·菲舍尔（David Fisher，意大利，1949—）。

时间：2005年。

地点：迪拜。

如果1972年中银舱体的命运是个悲剧，那么如今的迪拜旋转塔将会弥补这一悲剧，因为黑川纪章想要实现的现代化可自循环的居住模式在迪拜旋转塔的方案中完全被实现，并且远远超越黑川纪章当时的设想。如果黑川纪章还在世，一定也会赞叹科技的力量，迪拜旋转塔预示着建筑新时代的来临。

这栋富有超凡想象力的建筑是意大利建筑师大卫·菲舍尔设计完成的。建筑发展到今天已经是千姿百态，建筑多样的意识形态无形中也在改变人们的生活，大卫·菲舍尔想要努力改变现代人的生活方式和意识观念，迪拜旋转塔正在做着这样的努力！这栋运用高科技的智能建筑，可以带领我们进入全新的未来生活状态，迪拜旋转塔也无疑成为大卫·菲舍尔对科技最为大胆的挑战。

这栋世界上首例真正意义的生态摩天大厦，所需的能源都来自风力发电。整栋建筑有80层、420米高，该建筑特殊的构造表现为每一楼层连接处安装着风力涡轮发电装置，每一层拥有各自的电力来源，并且可以根据住户的特殊需要由电脑程序控制房间的旋转方向和速度，以增加住户最大量化的“景观”涉入（注释1）。因为可以旋转，所以我们可以认为摩天大厦其实是“活”的物体，可以说迪拜旋转塔实现了建

注释一：住户的「特殊需要」是针对于居住人群对住所功能的高品质要求，塔楼住宅的采光和通风是建筑师首要考虑的设计因素，这是作为居住者在挑选住所时常常会考虑的一点，迪拜旋转塔为我们提供了选择，我们可以根据自己的需要，比如根据采光的需要或窗外风景的需要等而改变房间的朝向，以达到空间的最高使用效率。

筑的“自动化”。

除了风力发电外，旋转塔也可以运用太阳能发电，每一层的屋顶在大厦旋转的过程中会接受到太阳的照射，屋顶成为太阳能板，只要一天当中汲取几个小时的太阳能，就会蓄积大量能源从而转变成其他能源。

迪拜旋转塔还有一个别名为“舞动的摩天大楼”，这个形容并不夸张，大楼的每层平面布局都呈花瓣状，每一个户型都设有巨大的突出阳台，阳台的轮廓是流线型的，所以从整体上看，摩天大楼是由若干个平面为曲线造型的圆盘组合而成，并且每一个圆盘都可以在水平方向自由旋转，当每一层都在旋转时，大厦就会“扭动”起来。迪拜的旋转塔是钢筋混凝土结构的内核，各层以舱体模式安插在内核上，这与中银舱体很相似。但不同的是，迪拜摩天大楼功能更加齐全，36~70层是从124平方米到1200平方米不等的居住户型，1~20层为办公区域，同样是可以旋转的，另外还包括21~35层的豪华酒店和70~80层的超豪华别墅。除此之外，旋转塔还设有一个观景台，游客们可以登上塔顶尽情一览迪拜的风光！

迪拜旋转塔已经远远超越了我们的想象，它的先进之处还不仅如此。与所有的建筑建造方式不同，旋转塔的实体有80%是在工厂加工完成的，剩下的20%是在基地现场组装而成的。在工厂内的加工流程

更为程序化和科技化，无论是什么功能的楼层，每一单元都在意大利阿尔塔穆拉市的工厂生产完成。单元模式的户型中安装配备了生活所需的水电系统，甚至包括室内所有装修，厨房、浴室、储藏等，配备好之后再将单元室运往现场安装组合，这部分工作主要是将单元室安装在大厦的主要承重和交通枢纽上。大厦的中心是钢筋混凝土的支撑体，除了承载水、暖、电等主要设备外，还负责运输住户和私家车，私家车将被运往各户的私家公寓里。

除此之外，单元室加工安装的特殊性大大节省了大楼建造的时间和成本，尽管迪拜摩天大楼耗资7亿美元，但它的先进加工组装技术节省了几千万美元的场地运转费，这完全是先进机械化加工的运转模式，也将是未来建筑业建造技术的发展方向。

大厦是世界上第一座预制单元组合建造的大楼，这与1972年黑川纪章的中银舱体大楼的概念不尽相同。随着科技进步，迪拜的旋转塔在科技化的世界里将所有技术问题都解决掉了，而在20世纪70年代还是有很多的技术难题无法解决的，目前，单元组合安装的建造方法被亲切地称为“Fisher”法（注释2）。

迪拜旋转塔的豪华户型配备私家的泳池，住户可以倚靠在自家泳

由碳纤维制成，因此不会有任何噪音干扰。

人们也时常怀疑住户们会适应「旋转」的生活方式吗？大厦旋转的速度很慢，人体基本感受不到，我们也只有亲身体验才能得到答案。但是旋转的方式让每一户都会摄取更多的阳光和景致，这也是大卫·菲舍尔的一个大胆的尝试。

注释2：「Fisher」法，是以意大利建筑师大卫·菲舍尔（David Fisher）的名字命名，建筑师住宅装修因需而异，建筑工地清洁环保，没有噪音、臭气和灰尘。因为80%是在工厂定制，只有20%是在现场建造，所以建筑工地因人少而降低管理成本，施工时间缩短30%。

池的池壁上品尝着马蒂尼，借助自动化电子设备旋转房屋的朝向肆意享受着一整天的日光浴，同时能够饱览窗外无尽的蓝天白云！

关于迪拜旋转塔：

迪拜旋转塔造价不菲，售出房屋的价格也可想而知，据说最小面积为124平方米的户型，售价约370万美元，而最大户型1200平方米的售价将达到3870万美元。高价出售不足为奇，但迪拜旋转塔创造的附加价值是无法衡量的，只有居住在其中的人们才有权利去评判它。

迪拜旋转塔还安装有声控系统，只要听到主人的声音电梯会自动打开，人工智能化的系统装置将会直接把住户载入居住的单元层。至于迪拜旋转塔的维修问题，建筑师声称因为部件是工厂提供样本加工的，所以零件的维修更换非常方便。其次还有人担心风力发电涡轮的噪音问题，但是由于设备外表皮

事件：瑞士世博会模糊建筑 Blur Building，

迪勒 + 斯科菲迪奥建筑事务所（Diller Scofido + Renfro，成立于 1979 年），

伊丽莎白・迪勒（Elizabeth Diller，波兰，1954—），

里卡多・斯科菲迪奥（Ricardo Scofidio，美国，1935—）。

时间：2002 年。

地点：瑞士，伊凡登勒邦。

『零边缘』——虚幻现实

第十八渡（第十八天的故事）

2010年的6月，北京798艺术区尤伦斯艺术中心展览了中国建筑师马岩松与冰岛艺术家奥拉维尔·埃利亚松（Olafur Eliasson）的大型空间装置艺术作品《感觉即真实》，展厅现场到处弥漫着彩色的雾气，感受不到物的存在，也感受不到距离，只有不断更替的五光十色和时不时从装置中喷射出的气体慢慢挪动着参观者的脚步，如果原地静止，那么我们会感觉自己将要迷失。当我们试图探索前方时，一切又似乎走到了尽头，当身体慢慢开始倾斜无法再直立行走时，隐约间人们的谈话声也在烟雾的尽头慢慢地开始回旋，于是继续前行的双足开始逆滑，这才意识到地面已经开始卷曲，尽头连接的将是墙面和天顶……调转方向后前方依然是迷雾，当我们最终找到了出口，逃离了这令人生畏的迷雾，一切又回到了现实。《感觉即真实》创造的空间让我们有游走于太空中远离现实的体验感，更让人有些不知所措，存在却不真实。“Blur Building”，是真实的存在，却也亦幻亦真。与马岩松的装置不同，Blur Building是存在于湖泊中的人造仙境，呈现为开放的空间，并且尺度更大。

Blur Building位于瑞士伊凡登勒邦城新城堡湖畔，又名“模糊建筑”。这栋建于水上的建筑是迪勒和斯科菲迪奥共同设计的、作为2002年瑞士博览会的参展建筑，在参展作品中Blur Building是唯一一栋没有墙壁、天棚和地面的建筑。夸张的是它甚至似有似无，我们大部分时间看到它只是一团气雾，有时则成为漂浮在湖上随风摇摆的云。当我们揣着疑惑之心进入建筑内部的时候，没有任何线索可以提示我们还要去往哪里，只有满眼凝固的白雾和隐隐的喷雾声告诉我们建筑似乎没有墙壁。忽隐忽现的人影成为空间中唯一的参照物，我

们只身一人被团团的雾气包裹，还是同样的感觉，身体在空间中似乎消失了，留下的只有空无。

谜题终有谜底。一个由轻型结构搭建的6400平方米的平台构筑成团团雾气的中心地带，25米高的圆形平台悬浮于水面之上，这里是专供游客体验游玩的空间。除了设计有可供游客休憩的水上酒吧外，整个Blur Building也是一个巨大的空间装置，轻型结构的隐蔽角落布满了最先进的高压喷雾装置，湖水被水泵抽取上来，再经过过滤和分流，以最细密的水雾状态被喷射出来。搭配高压喷雾器的是人工智能气候控制装置，装置可以自行分析大气温度和湿度的变化，可以测量风的速度和方向，当人工智能装置辨别天气状况之后就可以调控雾气喷射的程度，来控制“云团”的体积大小。据说这是采用了节能的最新技术—模糊楼宇控制器（注释1）， 这是一般应用于建筑空调系统的节能控制，Blur Building采用这项高科技是为了分析天气调节喷雾能源的多少，从而节省能源。

Blur Building运用了怎样的先进技术并不重要，重要的是模糊楼宇控制器为建筑创造了全新的感观世界，建筑在某种意义上成为自然，这才是模糊建筑最大的成功。当我们再次步入伊凡登勒邦城新城堡湖畔上的这团云雾时，我们可以尝试思考空间的界限是什么？是心灵的界限？创造永远没有界线。

注释一：模糊楼宇控制，简单地理解是通过复合模糊控制器实现智能建筑空调系统的优化节能控制。模糊楼宇控制主要是通过软件设计来实现控制目标，是智能建筑设计中最为重要的组成部分。

我们可以设想一个问题，空间是有界限还是无界的？“好雨知时节”是先有好雨还是先有时节？这样一来，事物的正反之间几乎没有差别，空间虽然不可以代表一切，但它无处不在，空间的有界无界都是相对而言，在“时节”的季节才称得上是好雨，那也是相对于人们的经验和心情。有时我们太过于关注的反倒是我们早已熟知的，其实在我们早已熟知的中心的周围，才是我们所忽略的。

关于 Blur Building：

Blur Building没有遵循传统的建筑规则，它就像个新生儿用最直接的姿态来探索这个世界，与建筑的其他物质存在相比，Blur Building创造了另类的存在方式。建筑与其他艺术的不同在于建筑的存在方式是创造场域的艺术，要求我们身体力行才能获得场域传达的信息，当我们亲身感受并产生共鸣时，我们才与建筑与环境融为一体，同时也能感受到其中的乐趣。

我们漫步在Blur Building的雾气中时会听到音乐，那是为迎合云雾的氛围而配合的，所有的因素都在制造「模糊」，Blur Building好像在演变成为一个特殊身份的建筑公民，包围它的只有人造的雾气，Blur Building剥夺了我们的视觉，同时又是对现实世界的反叛。

第十九渡（第十九天的故事）

『6 厘米墙壁』——童话世界

事件：李子林住宅，SANAA 建筑设计事务所，日本，1996 年成立，

妹岛和世（KAZUYO SEJIMA，日本，1955—），

西泽立卫（RUYE NISIZAWA，日本，1966—）。

时间：2003 年。

地点：日本，东京。

日本东京的郊区，密集的小住宅区拥有一块还未搭建房屋的空地，在这里一栋白色的三层方盒子成为小区的新成员，基地周围生长着几株可爱的李子树，建筑师妹岛和世和西泽立卫把这个方盒子命名为李子林住宅。方盒子轻轻“飘落”在此地，带来的是无穷的快乐与遐想。这栋建于2003年的小住宅，为“东方”式的宁静和理性奠定了性格，如果说西方文化的冲击会让我们感叹建筑发展的迅速与多元，那么东方的意味空间学说将会细水长流般使我们永远为之着迷。

尽管李子林住宅的拥有者只是普通的住户，包括一对夫妇、两个孩子和祖母，但是住宅本身并不普通。这是一栋纯白质感的房子，看起来有些透明，像是薄薄的植物纤维编织的膜茧，而在细腻触感的表皮下空间演奏的乐章让这栋房子更为轻盈、愉快。行为驱动装置的驱动因素成为方盒子的主要功能，并不是空间努力迎合人的性情才转变为人居住的最适宜环境，正好相反，方盒子的空间界限是“有效而出其不意的分隔”，从而制造了新的空间模式，也重新定义了人的居所环境（注释1）。 每堵分割的墙体又被自由地“分解”，不要理解错了，分解在这里的含义其实是封闭的墙体又被开了通透的洞口，因此，墙分割了空间，洞口分割了墙，又形成了空间，墙与洞口之间建立的是空间

注释一：「居所」等同于另外一个词汇「栖息」，可以驻足休息的栖息之地是人类所需。居住空间界限的制约关系因为居所本身的设计而产生人们生活方式的改变，人的行为因此也变得有情趣。但有时人们趋于被动和惯性，行为模式也出于一种「习惯」很难改变，能够主动让人们改变行为模式的动力可以来源于空间，由于人们总是在空间场域内活动，人们离不开空间，因此，空间就成了「行为驱动装置」，空间的改变对人的行为一定会产生影响，空间具备驱动性。

如果有限的空间可以创造无限的乐趣，那么居所建筑就成为具备这项功能的特殊建筑类别。

的对峙关系。随之，新生的空间有效地建立了人们的新的行为模式，最后改变了主人固有的生活方式。

一切都是自然发生的，方盒子真正转变成为“行为驱动装置”。于是当被墙分隔的空间成为个体的私人“领地”时，洞口成为流通各个“领地”的对话窗口，洞口的空间成为各个“领地”所有信息的流动通道。住宅在平面布局上虽然大体被分为四个部分，但是其实私人领地与公共空间已没有明显的界限。房间都有着很多方向的门，是很多一反常规的门，孩子卧室的门向入口大厅敞开，起居室的门可以通向祖母的房间，通过图书室的门可以来到另一个孩子的游玩区，几乎所有的房间都可以通向除自身之外的任何房间，空间的任意性很难让我们猜想到接下来能发生什么。

非常规创造性的空间附带着具有创造性和偶然性的人的行为，而成为即兴表演的舞台剧幕，当人们自以为在各自空间有所忙碌的时候，各个空间的主人可以“偶然”地通过洞口而相遇，偶然地“窥视”到空间中所发生的一切。一个孩子可以在游戏室通过洞口邀请另一个孩子加入，而这一举措恰巧被路过另一个孩子房间的另一个洞口的妈妈看到，祖母也可以坐在孩子的洞口催促吃晚饭，同时视线穿过入口

门厅看到夫妇俩刚刚回家……事件的瞬间关联性在这里清清楚楚地呈现出来，当李子林每时每刻在上演着不同的剧目时，住宅本身就成了“游戏空间”。

当居住者还在好奇空间的游戏时，一切还没有结束。垂直性的空间让游戏继续往下进行，李子林住宅在空间尺度上打破了一切常规，私人空间开始转变，床成为卧室唯一的成员，因为床的尺度占据了卧室的所有平面空间，你可能会觉得狭小，但天顶很高，我们躺在不像卧室的卧室里面，睡前可以冥想，这是牺牲床的多余空间换来的冥想空间。餐厅空间也有改变，至少两层的高度穿越了二楼的卧室，书房也高耸且宽敞，和住宅的起居室并无区别。方盒子内空间的自由形态使得建筑的实施效果非常理想，这让妹岛和世想要建筑实体尽量地消失，因此，建筑的壁很薄，钢结构的墙体刚好满足了保温隔热的要求，只有6厘米厚。除了功能上需要墙体能够承重和分隔居室外，自由空间下人的行为模式才是建筑师最想要探求的主题。

轻薄的墙壁几乎已经让建筑感觉消失，建筑的轮廓成为“虚”的场域，居住者们游戏的行径才被突出真实的存在感（注释2）。

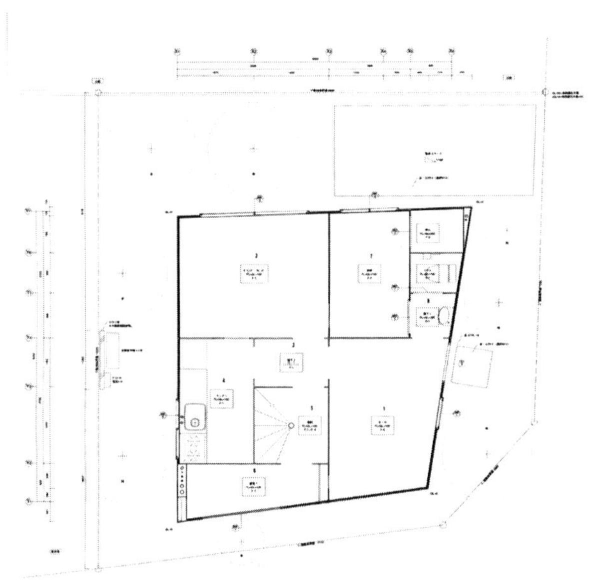

注释2：创造性的事件让建筑的主动性带动了人的被动性，生活方式也由此改变。东方的智慧是人的内省，当人们感受到生活有所不同时，就会对生活有新的认识。一种缓慢的内敛的认知过程让人们能够认识到本能的需要是自省的表现，在含蓄中明确表态是东方精神的体现，李子林住宅是妹岛和世运用建筑语汇探索东方建筑真谛的验证性建筑，诙谐微妙但立场坚定，『空间』成为建筑阐述居住行为的唯一语汇。

虽然建筑的表现形式多样，但是所有的表现形式背后都是有内容的。一篇文章有论点和论据，建筑中的具象是我们可以看到的，这些可以理解为是论据，建筑创造的意境才是文章的论点，这些往往是抽象的。

关于建筑师妹岛和世：

妹岛和世1956年出生于日本井原，1981年毕业于日本女子大学，获得硕士学位，1987年成立自己的建筑事务所，1995年成立SANAA建筑事务所。妹岛和世是日本著名的女性建筑师，在世界建筑舞台上占有一席之地。她把自己划入青年建筑师行列，因为她的思考方式是超前的。妹岛和世最著名的建筑作品是再春馆制药女子公寓。

事件：朗香教堂，勒·柯布西耶（Le Corbusier，法国，1887—1965）。

时间：1950—1953 年。

地点：法国，索恩，浮日山区。

『27 光的通道』——与上帝对话

第二十渡（第二十天的故事）

建筑师勒·柯布西耶是一个敢于挑战自我的人。能够超越自我是每个人都要面对的难题，对于建筑师来说也是一样难以逾越，可是创造需要摒弃和超越，建筑艺术的创造更需要建筑师自我的创新（注释1）。柯布西耶的创造力源源不断，他的每一部作品都会给人带来改变。郎香教堂是举世惊人的作品，它的精彩和与众不同令所有人再次惊叹柯布西耶的创造天赋。郎香教堂的每一处风景都点燃了柯布西耶全部的激情，对于朗香教堂柯布西耶倾注了最大的热情。柯布西耶把所有的情感都付诸建筑，包括他对于上帝的崇敬和他终身托付于建筑事业的伟大雄心，当我们真正站在郎香教堂的面前时就会深刻体会到这一点。

位于法国如诗如画的索恩浮日山区，朗香教堂成为一栋取代原教堂的崭新建筑，这也是柯布西耶想要挑战自我的有力证明。教堂坐落在一座绿植包围的小山顶上，因为人们大部分时候是以仰视的角度欣赏教堂的，所以，柯西耶布在塑造整体建筑造型的时候必然要考虑到人的感受。

一顶巨大船体状黑色混凝土雕塑在我们距离教堂还有一段路程的时候便显露一角，那是朗香教堂的庞大屋顶，也是整栋建筑最为夸张的造型，巨大的黑色屋顶带来的厚重而神秘的气氛使在室外几百米

注释1：能够成为现代建筑的领军人物，勒·柯布西耶是令人敬佩的。他对于建筑事业的贡献是我们无法想象的，他的建筑理论与建筑手法对于现代建筑的发展有着重要的影响。建筑师在一生的建筑生涯中能够形成自身的建筑风格实属不易，在每一部建筑作品中如果运用不同的建筑语汇对于设计本身也是艰难的事情，因为即使每部作品中建筑风格可以有所改变，但在变化的过程中想要推陈出新，建筑师们需要经历很长时间的思考和研究才可以做到。

柯布西耶具备前卫的设计观念，他也经常设计家具类产品，最有名的「钢管躺椅」已经成为经典之作。

外的人们都能强烈地感受到。走近后，我们发现建筑的所有四个立面完全不同，即使我们能够清晰地读懂一面却很难想象另外一个面会是什么样子，而能够统一四个立面的只有那黑色巨大的屋顶。混凝土船体造型的屋顶定义了朗香教堂的标志性外观，四周的墙体呈现出白色颗粒表皮的几何抽象造型，黑白色彩的对比十分明确。

有人说朗香教堂是收集上帝之音的容器，这不足为奇，建筑四面的墙体上布满了27个大大小小的窗洞，犹如张开的耳朵聆听着上帝之音，也有人将它们视为收集上帝之光的容器。墙体非常坚固，足有1米厚，雕镂着大小不同的光洞，这是墙体唯一的特征。上帝是光，如同我们在黑暗中看到光明，当我们亲临这墙壁的内部空间就会在光的通道下感受到上帝的温暖，当光线蔓延到我们的脸颊时，我们就与光有了对话，犹如与上帝也有了对话。有趣的是，光的窗洞外小里大，光线透过窗洞淡淡地挥洒进来，祷告的人们不会感觉刺眼，因为被滤过的光晕变得更为深沉，光的路径也呈现得更为清晰。

朗香教堂的平面功能更是完全打破传统教堂的对称式布局，它灵活多变而功能合理。墙体平面的线条挣脱理性的控制变得很随意，器皿造型的优美弧线型墙体围合出教堂必要的使用功能空间。有人说柯布西耶的朗香教堂灵感来源于盛物的陶器，器皿的本原即是容积，建筑的原理也正是如此，所以我们不难想象柯布西耶是将建筑视为放

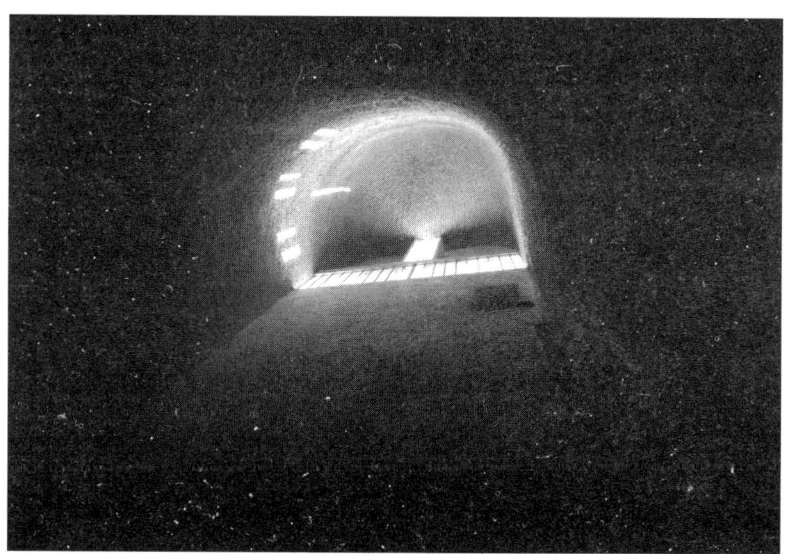

大了的容积物来进行设想与创造的。其实在柯布西耶的事务所中摆放着多个陶制材料的建筑模型，这些模型都是手工制作的，柯布西耶是为了更好地推敲建筑形态而把模型视为雕塑作品进行来研究，建造完成的郎香教堂正是依据柯布西耶的手工模型放大到1∶1尺寸的建筑雕塑。柯布的想法总是很奇特，他可以把生活的艺术与建筑的艺术巧妙地结合在一起。柯布钟爱工业机械，他把朗香教堂看成是自己一直钟爱的船体艺术，因为完全功能化的形体具备特殊的美感，这一点对建筑来说也是与生俱来的。

除了光壁之外，朗香教堂设计有特殊的光井，柯布对于光的解读是描绘光的投影，光的变化在影子上呈现，而影子负责塑造建筑的形体。光在这里成为柯布西耶塑造空间的手法，在造型奇特的光天井，墙壁粗颗粒的表皮让光的路径更为真切。

柯布西耶倾心于采用最贴近自然的手法，营造建筑最崇高的境界，柯布想让朗香教堂演变成为最接近上帝的场所，在这里可以传达敬仰上帝的虔诚之心。柯布西耶情感具备的浪漫正是朗香教堂所描绘的，当感性与理性碰撞时，柯布的理性也开始向浪漫主义的方向转变。朗香教堂虽然是现代建筑，但传达的却是人们传统的古老的心声。

关于勒·柯布西耶的传奇：

柯布建筑风格的转变让人称奇，他在郎香教堂的设计中极夸张地将原始的建筑形态和自然界光的元素结合在一起，塑造一种超乎一切的精神场域，这是建筑艺术表达的最高境界，本着超脱自身的创新意识，他做到了。柯布曾经说：「……在近50年中，钢铁与混凝土已经占统治地位，这说明结构本身具有巨大的能力。对建筑艺术家来说，建筑设计中老的经典已经被推翻，如果要与过去挑战，我们应该认识到，历史上的过往样式对我们来说已经不复存在，一个属于我们自己时代的新的设计样式已经兴起，这就是革命。」

——引自《新建筑》

我在几何中寻找，我疯狂般地寻找着各种色彩以及立方体、球体、圆柱体和金字塔。棱柱的升高和彼此之间的平衡能够使正午的阳光透过立方体进入建筑表面，可以形成一种独特的韵律。在傍晚时分的彩虹也仿佛能够一直延续到清晨，当然，这种效果需要在事先的设计中使光与影充分地融合。我们不再是艺术家，而是深入这个时代的观察者。虽然我们过去的时代也是高贵、美好而富有价值的，但是我们应该一如既往地做到更好，那也是我的信仰。

——勒·柯布西耶

事件：拉图雷特圣玛丽修道院，勒·柯布西耶（Le Corbusier，法国，1887—1965）。

时间：1953—1960年。

地点：法国，里昂。

『10.8153平方米冥想空间』——僧人之旅

第二十一渡（第二十一天的故事）

宗教建筑的意识是要人们与上帝对话，对于建筑师来说，宗教建筑的项目也是极大的挑战。我们可以想象一下西方的大教堂，教堂中所有的处理手法都要明示宗教的意图，高耸的天顶和题材绘画在时刻提示着上帝与我们同在。前面故事中朗香教堂中“光的墙”已经让我们认识了勒·柯布西耶这位天才建筑师作品的千变万化。拉图雷特圣玛丽修道院（以下简称拉图雷特）是柯布的又一建筑力作，同样也是作为宗教性质的建筑，但是拉图雷特的表现手法却与郎香教堂有明显的不同。像是与宗教仪式开了一个诙谐的玩笑，拉图雷特没按常规设计，而是用自由的平面布局为僧侣们提供了可以活动的自由空间，但是在这里宗教意识又没有消失，也没有在“自由”的空间中摒弃肃穆与虔诚，僧侣们在游走的同时心里仍然默念着每日的祷文。勒·柯布西耶很善于打破固有创造新的建筑意识形态。

1952年，经历了动荡时期，里昂的教会成员们为了坚定他们的信仰，兴建新的修道院并开始他们新的宗教旅途。新的建筑地点选在奚落村庄和繁茂森林的山区中，建筑的选址是建筑设计的首要条件，勒·柯布西耶说：“我就将建筑坐落于山顶吧，只有上帝知道这正确与否。”（注释1）山顶并不平坦，地势甚至有些陡峭，建筑与地势的平衡关系突然变得紧张起来，柯布西耶遵循建筑五要素的第一条原则一底层独立支柱（注释2），在以修道院屋顶为水平的基础上，建筑悬挑出

注释1：引自《勒·柯布西耶全集》。

注释2：勒·柯布西耶是个了不起的建筑师，他对于建筑事业的贡献不胜枚举。在1928—1930年期间在他设计建造的萨伏伊别墅中，柯布西耶提出了现代建筑的建筑五要素。就像颁布法典一样，他提出了现代建筑的经典空间模式：1.底层独立支柱，2.屋顶花园，3.自由平面，4.自由立面，5.横向长窗。建筑五要素在空间处理手法上极大程度地打破传统建筑的空间模式，鉴于工业革命新材料和新工艺的发明，柯布西耶的这一理论使他成为建筑改革前沿的代表人物。这一新的建筑模式也极大地丰富了建筑的创造性空间，建筑可以由框架支撑，墙体的概念也由此变得自由，空间的艺术也自然地在改变建筑一直固有的形态。

地势并自然向下伸展。在距离地基的水平线上柯布在底层构筑独立支柱，修道院由数根底柱支撑，柱子坚实地扎入地基，最长的可达10米。于是建筑的底层被架空，建筑被搭建在山体之上，驾驭于自然之上。

与我们通常想象的宗教建筑形象不同，整个修道院呈现为十字形，或许柯布西耶首先想要通过建筑独特的平面造型传达宗教的意图，这与朗香教堂光的墙不尽相同。拉图雷特修道院外观整体为一个普通的长方体，在长方体的长边两侧生有奇怪造型的小体量构造物，它们都具备宗教的功能，一个是圣具室，另一个是祭祀堂。两个空间各自开有造型奇特的天窗，光隐隐地投射下来，漫射到暗红色墙壁的祭祀堂，这里一边弥漫着神秘，一边照亮僧侣们心底对神明的敬畏。

修道院的内部功能也非常齐全，是僧人们理想的生活之地，教堂、教会、祭祀堂、圣具室、图书馆和僧人宿舍由通往各个功能区域的廊道连接，这样就会使僧侣们在拉图雷特的廊道中不经意地碰面，只有严肃的会面才会演变为新鲜的事件。其实，这样现代自由的平面布局在当时的宗教建筑中并不常见，与上帝之光的对话在这里的含义也有所不同。在这里接受阳光洗礼的不是僧人们而是墙壁，墙壁通常被光折射得非常明亮。僧人们可以想象每日在通往真理的“光明之路”上，光的话语通过空间场域的意境传达给了他们，这是建筑的语汇给予人们的抽象诠释。图书馆和食堂空间也很明亮，教会负责人的办公室就

设置在朝阳的方向，垂直线条的柱状分隔窗可以将户外的景致划分成为许多片断，当你感受整个立面分隔的节奏时，就能读出其中蕴含着音乐的旋律。我们在这里不会见到教堂彩画的玻璃窗，取而代之的是抽象水平线条分隔而成的现代风格的窗。

在这里僧人们的世界也不完全与时尚分离，如果继续谈论时尚，僧人们的冥想室是最具现代意味的居住空间，因为空间本身已经超越了既定功能，成就可以“冥想”的空间本身就是艺术！冥想室讲究黄金分割比的尺度（注释3），空间分隔匀称，每个房间都是数据为长5.91米、宽1.83米、高度为2.26米的长方形空间，仅为10.835平方米的窄长空间分别布置了一张单人床、书柜、书桌和衣柜。柯布西耶不浪费多余的空间，线性尺度的空间布局也别有用意，每个僧人享用一个独立的私人空间，用来冥想和休息，因为房间是狭长的，僧人们向往的只能是房间尽头阳台采光的方向。僧人们也可以根据个人的意愿自行布置房间，床的朝向、书桌的位置、衣柜的隔断都可以换位，但有一点是共享的，每个冥想室都配带一个宽敞的阳台，那是视线通往森林的方向。在可以眺望的阳台，僧人们享受充足的阳光，这里是理想的冥想之地！

退回到森林中，从远处巡视拉图雷特圣玛丽修道院，一栋披着神

注释3：勒•柯布西耶的模数化设计是其长期研究建筑、数学和人体比例之间关系的伟大成果。他寻找人体尺度与黄金分割比的关系，从而找到一个模数化的人体尺度来作为建筑上的计量单位使用，使得建筑的尺度更加理性和适宜。如果按照美国人的平均身高，柯布西耶研究的模度是1.83米，一个男人举起手臂的高度就为2.26米。如今，在很多建筑和空间设计中，建筑师们都是参考柯布西耶的模度来设计，模度的概念也在某种程度上成为建筑设计的依据。

秘外衣的宏伟堡垒从凝土墙体的寂寞中流露出淡淡的温情，仔细品味，又会感受到一丝的悲伤。拉图雷特的建筑造型趋近于几何形体，但在现代建筑的语汇下塑造的仍然是宗教祭祀和僧人的隐蔽所，新入住的僧人们面对的是“陌生”的现代场所，他们在其中修炼布道，也许只有经历所有事件的他们才拥有评判拉图雷特的发言权！

事件：德绍包豪斯，沃尔特·格罗皮乌斯（Walter Gropius，德国，1883—1969）。

时间：1926年。

地点：德国，德绍。

『第一个也是最后一个包豪斯』——艺术先锋基地

第二十二渡（第二十二天的故事）

“包豪斯”如今看来是个代名词，它指代了一个非常时期，作为一个历史事件的产物，包豪斯的诞生必然体现了一个时代的特征。

1919年4月，“国立包豪斯”成立，沃尔特·格罗皮乌斯担任该院的院长。这所学校是工业革命时期创建的艺术类院校，当时主要分为美术学院和工艺美术学院，经历了几年尝试性的教学辗转，在延续了新的工业产品设计潮流以及建筑行业出现新材料和建造方式之后，我们可以十分肯定地将包豪斯划入文化思潮前沿的行列。包豪斯的诞生也是致力于艺术教育改革最有创新和尝试性的伟大壮举，历史也证明包豪斯的方方面面极大地影响了艺术教育的发展，特别是工艺艺术教育的发展模式。直至今日，我们从世界各地的艺术类院校中都可以找到包豪斯治学教育的影子。

关于包豪斯的故事实在是太多了，我们没法讲全，只把记忆回转到德绍时期的包豪斯。1926年43岁的伟大建筑师和教育家格罗皮乌斯设计建造了德绍的包豪斯，当时所有建设资金都是由格罗皮乌斯赞助的。德绍的包豪斯诞生于充斥着历史建筑的德国老工业城区，当时突破陈旧和追寻创新的革命已然成为定局。夜色来临，包豪斯理性几何线条的通体玻璃幕墙内灯火通明，好像要照亮整个德绍，当时玻璃幕简约的设计令很多人都为之震惊。

充满现代艺术教育的包豪斯同样也设置了最为创造性的艺术教

BAUHAUS
Dessau

育课程，绘画、纺织、黏土和冶金、工业设计和舞蹈甚至戏剧，这些科目构成新的教学内容体系，极大地丰富了工艺美术教育的固有章节。不仅如此，包豪斯为了达到高质量的教学也曾聘请社会上有声望的艺术家和设计师，并为他们提供了最好的教学条件，设计师和艺术家们在教师别墅和宽敞的教室里悉心教学，指导学生创作高品位的艺术作品。如今，包豪斯时期的经典电器和家具设计思潮仍在流行。

"一切造型活动的最终目的是建筑"，这是当时包豪斯的创立宣言，我们也在包豪斯的校舍设计中充分地感受到了这一点。包豪斯的功能齐全，教学楼、管理部门、技术培训学校、公共综合楼包括会议厅、剧场、食堂、学生宿舍以及为教员们提供的单元住宅等一应俱全，据说，包豪斯还提供了夫妻宿舍的居住条件。同时包豪斯在校舍规划上也打破了传统建筑的对称式布局，设计完全来源于各个建筑功能部分所需，例如平面的布局更多考虑的是交通、采光和景观的需要。更为创新和人性化的设计使包豪斯的建筑呈现多个立面，虽然运用理性的塑造手法，但是多变的细节还是成了包豪斯的亮点。造型有着宽敞明亮的空间，柱子支撑着楼板，自由的墙体营造了无限空间的利用面积，技术训练楼设置有隔离间，以便提供给学生们必要的隐私空间，而剧场和餐厅成为人们公共活动的流动空间，这是现代建筑十分注重

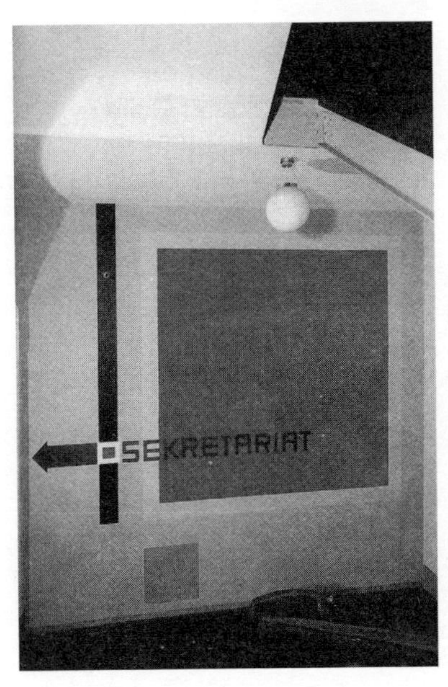
SEKRETARIAT

的场域空间设计（注释1）。学生宿舍空间高大，舒适严谨，每一个房间都有外延的阳台，阳台的线条与窗的轮廓共同构成建筑立面节奏的韵律，活泼的建筑也带动了学生们的活力，而且朋友们聚会无须外出，阳台和屋顶就是最好的汇集地。学生们身处自由的场所，生活的步履也会变得轻盈，包豪斯还营造了开放与隐蔽之地的活动氛围，各种艺术活动也都来源于学生们对学校生活的热爱，理想的教育之地被建立起来了！

继续着包豪斯宣言的主题，“一切造型是为了建筑。”是的，包豪斯一直是这样做的，甚至从很小的装修细部也可以看得到。外露的暖气片在这里成为工业设计的亮点，它被重点设计在玻璃幕墙下，成为谱写室内空间流动的节拍；它被装点在楼梯踏步空间的墙面上，虽然它比绘画拥有更多的是作为产品所具备的使用功能，但是它还是取代了一幅画的功效，而成为建筑中的绘画！而且功能性与装饰性在包豪斯都不会被放弃，比如门把手，在门开启后即将碰撞墙体的部位设计有凹陷于墙体平面的小装饰件，目的是防止门在开启时把手会撞损墙体，这是包豪斯完全出于对功能与形式设计的考虑。工业性与技术性在包豪斯的校舍里得到高度的协调，冶金系学生们自行设计生产的各式灯具直接安装于包豪斯校舍的天顶，各类金属器皿及工业产品也都

注释1：场域是指场所界定的范围及氛围。

直接拿来供师生生活所用。在距离包豪斯教学楼稍远的基地内，格罗皮乌斯特意建造了教员居住的独栋别墅，其配备的家具和电器也都是校内师生的设计作品，教员们都对“包豪斯式”的生活方式表示满意。

不久，动荡的1933年来临，包豪斯从此染上了悲剧的色彩。被盖世太保查封后，包豪斯成为左派和纳粹党政治斗争的牺牲品，包豪斯的艺术教学也被禁令停课。当时的代任院长密斯·凡·德·罗曾与盖世太保的头头有过激烈的争论，但是包豪斯还是被查封了。这个艺术先锋的教育基地被看成反对盖世太保的一派势力所支持的建设，包豪斯的背后被认为是党派的斗争，尽管包豪斯的建立只是为艺术教育而存在，并不带有任何政治意味。更牵强的理由是太保们认为包豪斯在控制学生们的思维，包豪斯在慢慢形成潜在的可怕的反动势力！无论这是多么没有根据的推论，强暴势力还是控制了一切，包豪斯被正式关闭。关闭后的包豪斯一片死寂，昔日的教师和学生们不得不离开此地，去往别的国家继续宣扬艺术教育事业，只留下包豪斯空空的校舍。不久之后，这座建筑群被用作临时女子家政服务机构，即便在这之前纳粹们曾想将这栋“危险”的建筑改建成为纳粹新的指挥基地。

在1945年的战争中包豪斯险些被炸毁，1969年包豪斯的创始人格罗皮乌斯去世，随后1976年包豪斯被重新修复。

迫于形势不得不离开包豪斯的教员去往美国和欧洲的其他国家，他们将包豪斯的精神传播于世，包豪斯从此举世闻名。现如今，包豪斯被划为世界级遗产，并作为美术馆的功能重新开始运营。作为曾经的艺术教育先锋之地，包豪斯已经成为传奇。

建筑和其他的艺术门类不同，“某种意义上的摧毁”意味建筑的“终结”，有时可能被拆掉或意外被毁掉，被珍视而保留是少有的案例，有的建筑经受了历史的考验而成为永久纪念，建筑师也无法预测。正如格罗皮乌斯的一句话：“在建筑中探求心最为重要，建筑师要善于观察、发现和创造，直觉可以表达艺术。建筑师运用直觉创造了建筑，建筑经历了时间才发现谱写的是历史的故事，这也是建筑师无法预测到的。”

第二十三渡（第二十三天的故事）

『16 年宏伟建设』——集权象征

事件：罗马议会大厦，阿达波托·里贝拉（Adalberto Libera，意大利，1903—1963）。

时间：1937—1953 年。

地点：意大利，罗马。

建筑有一股内在的力量，集权建筑的精神让这股力量积蓄得更为强大和无法考量。

罗马议会大厦建造的意向过于强烈，建筑的每一寸肌肤都渗透着缔造者对于集权的欲念。意大利纳粹帝王墨索里尼在战争还没有真正发起之时，就已经开始筹备大厦的建设了，在他内心深处早已实现了自己的“丰功伟绩”，尽管是以建筑的方式。罗马议会大厦的设计者阿达波托·里贝拉是意大利本土建筑师，纳粹党要求这位已声名显赫的建筑师为他们设计建造能够彰显权势的建筑，阿达波托·里贝拉此时心里很清楚，一栋带有浓重法西斯色彩的建筑即将问世。

经过不断地推敲设计，罗马议会大厦的最终方案终于敲定，于是全国上下开始紧锣密鼓地实施大厦建设工程，可是原本预计在三年之内建设完成的大厦，实际上却由于战争的缘故耗时16年之久才得以竣工。今天，大厦已威严矗立在罗马的主要街区上，虽然它建造于法西斯政府兴盛之时，但居住于此的居民们似乎谁都不曾想了解大厦建造前后的原委。如今罗马议会大厦留给人们的只有庄严背后的专制，与大厦背后法西斯统治的暴政与野心相比，罗马议会大厦或许并不令墨索里尼满意，但这个历史性建筑终究被保留了下来，作为历史的见证，政府的这一举措也是对于文化的高度重视。

如果我们不考虑罗马议会大厦任何的政治因素，可以说议会大厦

的样貌相当“标致”，像一名威武的士兵坚守在岗位，捍卫着统治者雄伟的野心。大厦整齐而简洁，4个立面都有所不同，遵循政治建筑中轴线对称式布局的原则，大厦的中心地带主要由两个方正的大厅组成，固守两个大厅的是四周围合的柱体连廊，我们很快感受到了欧洲古典建筑君主式的设计意味。 议会大厦的入口空间空旷威严，40根圆柱支撑入口处的廊厅，柱子有着相同的柱距和单元尺寸，以检阅过往的人群。开启的大门退居在廊柱的后面，门前钢化防弹玻璃的幕墙建立起一道议会大厦的安全防御，在当时即使是军用建筑的设计都很少会考虑到这些！议会大厦严谨的防御工事总会让我们提高警惕，出于对当时战乱的考虑，大厦要在绝对安全的防御措施下投入使用，除了堡垒造型的屋顶与墙体之间的空隙采用防弹玻璃幕墙的设计之外，大厦的二层室内空间也很少开窗，二层凸现的墙体只开设了4个小小的墙洞，目的只是确保建筑的通风性。

大厦的核心区域，方正的议会大厅才是整个建筑的壁垒。与传统会议空间有很大的不同，集权意味的议会大厅被要求设计成空旷的大面积人群聚集会场，没有会场舞台，没有座椅，只是一个空旷的场域。显而易见，空冥的大厅相当的气势宏伟，据称这里是当时欧洲最大的议会厅！于是，在夸张的空间尺度下人的体量就会显得如此渺小，但是当你步入大厅的中央环顾四周时，又会感觉自己如此威慑，可以统治

周围所有的一切，空旷带给我们强烈的场域中心感。由于大厅方正的平面布局，空间又整齐高耸，厅的四周布局如战事堡垒的交通设施，密集的钢结构剪刀梯将整个会场“包围”，有了铜墙铁壁般的围合，大厅秘密会议的召开显得更为安全。传承宗教建筑的表现手法，主题性的壁画必不可少，大厅高耸的内墙壁上绘制有巨幅的墙体壁画，罗马帝国时代辉煌的战争题材成为绘画的主要内容，画中3000多位历史人物也都是以军人的身份出现，也只有战争的题材才能与这象征权力和专制的建筑氛围相契合（注释1）。

现在我们可以自由地出入大厅，是因为这里已经被用于开展舞会和各类商业活动的场所了，但在当时，只有特殊身份的人才能够进入，因为这里是神圣的军人领地。墨索里尼想要对所有军人驯化的地方还有一处，一个戏剧化的空间在各类建筑案例中很难再见到。会议大厦轴线布局的大厅屋顶摆设了一大片花岗石的石凳，那是一个惊人的设计！所有的长凳尺寸一致，整齐排列并固定在屋顶广场的中央地段，这是建筑师为墨索里尼疯狂演讲所提供的特殊场所。仔细观察，我们会惊奇地发现花岗岩的石凳上留有长长的裂痕，据说这是当时战乱时期轰炸机和炮弹轰炸时遗留下来的战争的痕迹。广场舞台墙壁的中央

注释1：罗马的绘画形式主要是镶嵌画和壁画，大部分记载具体的历史事件和伟大人物，大型壁画主要装饰重要的公共场所。罗马壁画分为四种风格：砖石结构式、建筑结构式、装璜式和复合式。罗马议会大厦是代表集权和荣耀的帝国建筑，罗马时期壁画的建筑装饰手法在议会大厦中必不可少，壁画的形式也是罗马议会大厦宣扬权势和丰功伟绩的重要表现手法。

延伸出一个只供一人站立演讲的平台，这个屋顶的广场空间成为议会大厦戏剧化的舞台布景，我们可以设想，我们坐在长长的石凳上，夹杂在精良作战的士兵中间，听着墨索里尼激昂的演讲，而头顶上轰炸机隆隆呼啸而过……这一幕场景也会顿时把我们带回到法西斯集权下的噩梦中去！

1942年，大厦的建造停工了，由于法西斯的势力遭受到严重的削弱，墨索里尼也一定想象不到那之后大厦的工程是怎样完成的。尽管墨索里尼的战争行为在历史上是不可磨灭的罪行，但是他的疯狂行为为意大利人民留下了宝贵的历史文化财富，罗马议会大厦这栋伟大的集权建筑也赢得了国家和人民的高度重视，从而被重点保护。据说，墨索里尼曾在当时有着更大的建筑规划蓝图，而罗马议会大厦只是其中的一小部分，我们现在所看到的议会大厦的实体建筑也不是完整蓝图中的全部设计。如果先抛开当时的历史问题不谈，站在这硝烟散去的建筑遗址前，我们不能不为之震撼，我们看到的是历史的疯狂，也只有建筑这种特殊的语汇才能如此生动地阐述所有事实。

关于建筑师阿达波托・里贝拉：

阿达波托・里贝拉（Adalberto Libera）是意大利本土建筑师，推崇多元化的设计理念。阿达波托・里贝拉十分爱国，在1932年设计了罗马商业大厦和1935的米兰十字广场之后，又受邀主持了1937年的罗马议会大厦项目。阿达波托・利贝拉在设计完罗马议会大厦之后，就辗转法国定居了，直到他再次回到意大利，又继续为大厦的设计贡献自己的智慧与力量。

第二十四渡（第二十四天的故事）

『13 块岩石的坠落』——自然痕迹

事件：西班牙特内里费 magma 艺术和会议中心，

AMP 建筑工作室（Artengo Menis Pastrana），

费尔兰多·费尼斯（Fernando Menis，西班牙，1943—）。

时间：2005—2009 年。

地点：西班牙，特内里费岛。

在西班牙的特内里费岛（Tenerife）上，我们可以来一次探险，走进13块巨大的岩石群一西班牙特内里费magma艺术和会议中心（以下简称magma）来寻找自然的痕迹。在来这里之前，我们很难猜想到这岩石洞群的建筑竟是一座现代化的综合会议中心。

与其说magma是一栋公共建筑，还不如说它是特内里费岛的宏大景观，因为magma与周围景观完全地融合在一起了，可以说建筑的形态就像一只变色龙似的完全适应了周围的环境因素，偶尔还会让人产生建筑“消失”了的错觉。magma在建造之前就备受瞩目，因为建造基地位于西班牙著名的旅游景点。虽然可以预测新建筑对地域环境的影响，但是建造既要符合地域特征又要成为新的地标性的建筑，magma在面临巨大挑战的同时，其内外表里也早已在建成之前就被人们有所期待了。当magma初具形态时，我们乘坐直升机在空中俯瞰，许久才能识别出地貌中的哪一部分才是它！magma完全与景观结合，并创造了超越形态之上具备场域精神的“地景式建筑”（注释1）。

特内里费岛是一个岩石之岛，火山的地质特征使这个漂亮的岛屿披上了金黄的羽衣。从岛屿的地形来看，magma基地是从海滨中的地形生长出来的，这里景观极好，迷人的大西洋海滨可以尽收眼底。

注释 1：「地景建筑」（landscape construction），建筑融入自然环境的概念，建筑「生长」于景观并衍生为景观的一部分。这一理念探讨的是建筑与环境的相互关系，建筑的设计以环境为出发点，建筑融合人与环境的关系，同时也重新定义建筑的概念。

Magma是由13块巨大的“岩石”组合而成，岩石群具有基地同样质感的外貌特征，唯独不同的是它们相当巨大，由此magma被定义为岩石的再雕塑。岩石群已经完全颠覆了建筑固有的形态，甚至建筑的主要出入口都已经被隐藏。岩石群的自然肌理极其丰富，看不出任何的人工痕迹，magma的13块岩石犹如自然的陨石，落体的自由形态决定了建筑的形制。每一块“陨石”的形态粗壮厚重却有所不同，有大小之分和高矮之别，但是他们共同肩负着支撑同一个巨大石顶的重任。“石顶”的洞穴与13块巨石自然相构筑，但与这种巨大负重产生的压迫感完全不同的是石顶流动的曲线界面之下营造出的大型会议和展览空间的深沉静谧的氛围。照明、通风的所有功能设施嵌入流动的巨大天顶，满足一切建筑室内照明的功能要求。

这时或许您会提出疑问，magma就只是由这13块巨石和这一块石顶组成的吗？是的，magma就是“原始”的石群矩阵，是基地上岩石的隆起和堆砌。那么，建筑当中的所有必要的使用功能如何去解决？magma怎样解决大量输入会议中心的人流问题？magma怎样与周边旅馆建筑协调或互不干涉？人们需要的并不只是惊人的石头景观！

magma的基地处于内里费岛海滨的边上，由费尔兰多· 费尼斯（Fernando Menis）带领的AMP设计团队设计建造。旅游胜地的景点距离基地并不遥远，游客的度假旅馆和各项旅游设施甚至与magma共处一个基地环境，具备创新性的AMP设计团队将入口处理为多层次的立体式空间，这是解决场地复杂迂回问题的最佳方案。建筑师们巧妙地运用建筑的高差解决了不同功能区域的入口安排，比如城市的主道路与建筑的下沉入口相连接，建筑的广场直接带领人们进入建筑的休息区域，而通过旅馆周边的街区可以直达建筑的二层，再路过空间交错的坡道和楼梯可以直接进入会议厅。换句话说，当立体的magma的入口与基地复杂多变的地形环境一拍即合之后，出入人群空间的处理便很好地实现了从建筑外进入建筑内的过渡。而当我们进入建筑内部，才真正了解到magma的各项功能是如何在岩石群中进行部署的。会议中心的功能要求多元化，不同面积的房间要满足会议、办公、娱乐、休闲和服务等主要和辅助功能的需求，这些功能面积和空间的基本要求都会成为magma建造的难题。面对追求空间的艺术品质与功能限定性条件的矛盾，magma巧妙地解决了这一难题，“整合”空间的做法有效地梳理了建筑形态与功能协调的问题，所有的功能房间被置入13块岩石的腹内空间中，出入口则掩藏在岩石的背

后，甚至在延绵的石顶空间下我们看不到任何人工处理的房间界限和标记，我们看到的只是洞穴般的转弯与自然的肌理。如果我们不仔细地寻找路标，这里将是一个探险的空间。

最终13块岩石支撑起洞穴的构造，整个建筑的重量压在13块岩石之上，岩石之间的场地也自然成为自由交通的空间。虽然整栋magma建筑采用的是特殊加工的混凝土，而并不是真的巨大岩石，但其质感却与基地岩石如出一辙，因为magma的混凝土中掺入了特内里费岛独有的火山岩石灰，这促成了建筑与环境的统一协调。

整个magma清新自然，只有在阳光照射时，我们才会注意到巨大石顶的“缝隙”会透射出柔和的光线，原来所有的构筑结构都隐藏在石制表皮的下面。建筑师对于环境的思考一直以来都是决定建筑未来的重要因素，magma只想展现给人们自然，只想改变人们对建筑的体验与认知，也只想让人们感受到特内里费岛的粗犷与奔放！

关于 Magma 的其他信息：

建筑基地面积14141.43平方米，建筑面积20434.44平方米。内部中心礼堂容纳3000名观众会议，工程造价3000万欧元。

事件：乔治·蓬皮杜国家文化艺术中心，

R. 皮亚诺（Renzo Piano，意大利，1937—），

R. 罗杰斯（Richard Rogers，美国，1933—）。

时间：1971—1977年。

地点：法国，巴黎。

『681个方案』——反叛印象

第二十五渡（第二十五天的故事）

国际建筑项目的竞投标是建筑界的盛事，每次竞赛也会在建筑界掀起设计趋势的热门话题，1969年法国现代艺术博物馆的竞标项目令人瞩目，参与竞标的高技派建筑师R.皮亚诺和R.罗杰斯从此一举成名。

1969年正是西方艺术革新的年代，法国的前任总统乔治•蓬皮杜（Georges Pompidou）为了纪念戴高乐，要策划建造一座现代艺术博物馆。这栋属于国家一级大型文化建筑的竞标项目与国家利益直接相关，项目的启动非常正式与严肃，为了公平竞争和促进法国艺术文化交流，政府举办了大型的正式招投标竞赛，49个国家的681个方案参与了竞标，盛事空前。经历了相当长时间的评选讨论，最后皮亚诺和罗杰斯的方案胜出，这意味着竞赛的结果将会掀起不可预测的又一次设计风浪。方案的评选并不如想象的那么顺利，蓬皮杜国家文化艺术中心（以下简称蓬皮杜）并不是第一轮就顺利通过的优秀方案，更有资料证实在中标方案已经确立很久之后的最后一轮他们“叛逆性”的方案才被戏剧性地选中。罗杰斯回忆道：“我们当时很年轻，作为30岁的建筑师在文化建筑的竞标中胜出，自己也觉得惊奇！”而皮亚诺的感言语重深长：“一提‘文化’两个字，我们的胃就开始疼了，甲方

要求建筑要代表巴黎的文化，我认为又像是要做纪念碑式的建筑了，这对于我们来说很难。”

皮亚诺所言正是蓬皮杜国家文化艺术中心建设背后所反映的当时社会发展的新需求。建筑位于塞纳河右岸的博堡大街，是巴黎汇集人群的重要地段，政府规划出7500平方米的地表供竞赛基地使用。皮亚诺和罗杰斯对基地概念有独特的认识，他们认为这里不光要建一栋房子，还必须要有一个广场，广场可以有效地聚集人群，这一空间设置与建筑主入口直接“碰面”很显然是一种对比鲜明的布局方式。在681个竞标方案中“广场”概念的介入虽然显得过于“简洁”但很特别，人们对于公共建筑的功能需求已经不能简单满足于参观或者购物，人们更需要可以汇集交流的场所，公共场所中的社交是全新的生活方式，人们迫切需要可以提供这种全新生活方式的场所，即便是人造的环境。人们曾经形容蓬皮杜为“巴黎的炼油厂”，甚或是“巴黎工业的曝光剧场”，但当公共场所的社交模式在某种意义上体现出现代文明特征时，当人们对生活有了很大改观时，蓬皮杜国家文化艺术中心也走在建筑文化的前沿，这栋建筑的存在给建筑界带来非常重要的影响。

整栋建筑像一个巨大的工厂，所有建筑的“内脏”全都暴露无遗，脱去外衣的建筑没有任何隐藏，曾有很多人认为古老文明的巴黎文化不能够容纳如此没有内涵甚至粗鲁的巨大钢铁管道的集成盒子。如此“疯狂”的形态也实在令人难以理解。其实，蓬皮杜惊人姿态的呈现正是皮亚诺和罗杰斯想要倡导的建筑新革命的开端，在现代建筑的发展史中这是一类“高技派（High-tech）”（注释1）的最新理念。象征科技的工业构造成为建筑的新形态，一种近似于“暴力”的方式号召的是高度发达文化层级的宣言，有种叛逆的感觉，但是这样一个“反向思维”的方式在文化稳步发展的旅程中显然是一副催化剂，新的建筑形态和新的空间形式让人们的公共行为在建筑氛围积极倡导的场域内碰撞，人们越来越发现新的生活方式创造的未知世界是可以探知的。在漫长的岁月里，一如既往的生活在悄无声息中改变，人们真正感受到蓬皮杜带来的无限乐趣，此时，人们或许已经忘记了在蓬皮杜刚刚建成的年代，他们曾对蓬皮杜意见分歧相当大。

蓬皮杜中心的骨架全部是由钢架支撑建造而成，简洁有力的特制钢骨结构成为建筑的受力体系，轻质的楼板将整栋建筑分为均等的6层。建筑的支撑结构全部布置在钢骨之外，包括建筑所需的一切设

注释1：高技派是现代建筑风格的一类，形成于20世纪50年代后期，为了展现当代工业技术的成就，建筑遵循「机械的美感」，建筑构造和设备的夸张与外露成为建筑张力的表现。高技派的代表人物有R·皮亚诺、R·罗杰斯、诺曼·福斯特等人，高技派典型的建筑代表作有法国巴黎蓬皮杜国家艺术与文化中心、柏林议会大厦、香港中国银行、西班牙巴伦西亚会议中心等。

备装置，从而扩大了建筑内部大部分的使用空间，被整合的空间，全部可以自由划分重新利用，前来策划场地的合作集团都称赞场地的高度实用性，而合理的空间划分正是美术馆和博物馆最基本的设计要求（注释2）。至于蓬皮杜的建筑外观，当内部空间被整合的同时所有建筑“工业垃圾”全部清除于建筑之外，堆砌成为蓬皮杜夸张的外部形态，在人们的意识中这些“附属设备”都是丑陋的，但建筑师却把它们安排到了最显眼的地方。建筑的西侧为主要入口，东侧也相邻主要的街区，所有的设备管道都“装饰”于建筑的临街立面，不仅如此，管道还被漆以不同的色彩借以区分各自不同的功能，绿色的为给排水管道、红色的为交通运输设备、黄色的为电气设施而蓝色的为空调系统，但是大部分的参观者并不能马上明确彩色管道的用意。蓬皮杜外观的“信息诱导”本身就是“建筑策略”的陷阱，当我们被靓丽的色彩迷惑之后，当我们从五彩缤纷的圆滑管道前嬉戏而过时，视觉的愉悦会让我们更喜爱它的活泼而不是工业机械带来的粗犷。

其实，人们早在20年前蓬皮杜建成的那天就已经欣然接受它了，越来越多的年轻人聚集在建筑西侧外的空旷广场上嬉戏游乐，这是在巴黎中心地段少有的休闲广场。广场内车辆被禁止通行以确保市

注释2：蓬皮杜国家文化艺术中心具备现代美术馆和文化中心所需的一切功能，10万平方米的建筑面积包含现代美术馆展览场地、公共图书馆、工业美术设计中心、音乐与音响研究中心以及大型停车场等。蓬皮杜国家文化艺术中心每天至少接待一万名游客的到访，对于文化中心自身来说，这是政府为大众提供体验现代生活的公共社交场所，而对于大众来说，这里是人们考察现代生活的信息集市，因为这里的空间足够大，展示的内容足够丰富，人们可以在这里体验到最前沿的现代文化与艺术氛围。

民不被干扰，广场的周围井然有序，带有坡度空间意向的广场布道将人们指引向建筑的入口。入口处的自动扶梯将游客们载送至建筑的各层，玻璃管道扶梯外挂于建筑的表皮，建筑通廊空间的后移是为了营造“街区”的氛围。建筑表皮含蓄地退让留下了过渡的空间，人们驻足在此，视线却停留在玻璃表皮外广场的新鲜事物上，当玻璃扶梯将我们带往蓬皮杜的最高层，我们可以借助当时最为高端的旅游观光媒介眺望美丽繁华的巴黎市区。

我们把视野拉到足够远，蓬皮杜真的很庞大，犹如巨大的机器俯卧于巴黎古老的市区中间。“这栋建筑谈不上优雅，但绝无仅有”，这是皮亚诺最后对于蓬皮杜的评价。

无疑，蓬皮杜的存在是一个奇迹，20年前它震惊了整个巴黎，也震惊了世界，如今，人们不会在乎从埃菲尔铁塔步行走到蓬皮杜的辛苦，因为这个巴黎“纪念碑式”的象征比埃菲尔铁塔更值得一看！

创造有时不需要考虑后果，尊重直觉就会有动力。在建筑的领域里创造更难，需要经验，更需要勇气，可无论结果怎样，历史终究会给予真实的评价。

事件：约翰逊蜡烛公司总部，弗兰克·劳埃德·赖特（Frank Lloyd Wright，美国，1867—1959）。

时间：1936—1938年。

地点：美国，密歇根湖。

『60吨负重』——永恒的家族企业

第二十六渡（第二十六天的故事）

约翰逊蜡烛公司总部的大门入口招牌标识有“Johnson a family company”的字样，如同英文的字面意思，约翰逊蜡烛公司总部已经成为约翰逊家族的象征，长久以来整个家族都以此为荣。生活和工作在这栋建筑中的人们都被视为约翰逊家族的一分子，他们在这里感受快乐与温馨，并与公司结下了深厚良缘。建筑营造的氛围已经在很大程度上帮助公司树立了企业形象，建筑的品质也不仅仅体现企业的雄厚实力，而在于成功的建筑形象背后带来的社会效应是不可预测的。

1928年的春天，建筑师弗兰克•劳埃德•赖特和总部大楼的拥有者约翰逊家族迎来了公司总部大楼一期的落成，总部大楼完全超乎人们的想象，“它实在是太美了，因为它像汽车、轮船和飞机一样新奇。”（注释1）这栋超乎完美的建筑看上去是有些“比例失调”的低矮，但水平匍匐于地表之上的建筑形态自然勾勒出第二条平缓的地平线，整个建筑看上去沉稳和静寂。大楼没有明显的入口，只有延绵不断的红砖墙延续至建筑外轮廓的边缘，赖特对约翰逊解释道：“建筑如果足够耀眼，正门就没有必要了！”于是，大楼的正门隐藏在半室外的空间围合区域内，如果我们悉心感受环境，很快就会找到已经融入景观中

注释1：人们对于总部大楼的评价引自《世界建筑》，北京建筑工业出版社。

题，因此官员们针对柱子的支撑问题也向赖特提出了质疑，他们认为这样的结构实在让人感到很不安，并要求赖特务必在图纸上进行修改，但是施工已经开始，资金也投入了不少，赖特并没有理会官员们的要求，十分确定地要求工人们测量柱子的承重极限。显而易见，工人们没有人愿意向这根「摇摇欲坠」的柱子挑战，他们甚至害怕不小心碰触它而引起倒塌。事实上，赖特的试验相当成功，「吸盘式」柱子完全可以轻松承载60吨的重量！柱子的内侧是网状编织的钢筋，这样缜密的骨架足以弥补柱子外表的「纤细柔弱」，同时也表明当时建筑施工已具备较先进的技术水平。测试成功了，建筑如期进行，3年后终于圆满竣工，尽管整体预算比原来超出了4倍，可在与约翰逊多个回合的较量中甲方还是向这栋建筑妥协！

的建筑的入口。在入口的另一边是赖特独特的设计，它将车辆道路切入建筑设计的一部分，车辆缓缓地开进建筑内部，穿梭于低矮的石林柱子支撑的巨大空间直至划定的停车区域，那里也是员工们和客人们进入建筑内部的一个前奏。当我们穿行过安静的门卫前厅时，便进入建筑的核心部位，一组柔滑线条的砖粉色格调让人感受到一股温馨的气息。极其现代感的建筑内部没有墙壁和隔断，只有尝试成功的60根“吸盘式”柱子（注释2）均匀林立在大堂空间内，柱子脚下整齐摆放着200名员工的办公桌，一个类似于广场的聚敛空间取代了传统办公空间。无论从空间的上到下，从围合到开敞，空间的主角都是“柱子林”，高耸的柱子让人的心情豁达，柱子圆滑的表面肌理让人感到流畅舒适。而管理阶层的办公室与员工的办公空间有所不同，在柱子林范围的边缘搭建起二层的平台，办公室就设置在那里，公司的主人约翰逊的桌子也在其中，微妙的制约关系是由管理阶层们透过平台望向一层员工们的交错视线构成，那也是相对视线交流的平等空间。

当咖啡、酒吧、讲堂和电影放映厅不断增设并提供员工们可以休憩讨论的空间平台时，约翰逊蜡烛公司总部便建立起最早的“员工之家” 模式。办公区域内柱子林高耸入天顶，每一根柱子都顶着圆盘式

注释2：在距离芝加哥大约200公里的密歇根湖畔一工地上，赖特还是一如既往地在建筑基地上巡查，一根高6.5米从柱顶到柱底由粗到细变化的「吸盘式」柱子矗立在建筑基础之上，柱子的最底部也就是柱子最细的部位只有直径为22厘米的圆形构造，柱子的周围也没有任何辅助支撑物，赖特审视着这颗夸张造型的柱子时若有所思，当他命令工人将柱子顶端的水泥重物逐级增添至12吨时，柱子已经支撑起超乎想象的承载重量，工人们惊呆了，谁也不敢再靠近柱子一步，因为柱子纤细的底部造型让柱子看起来随时会倒塌！其实在建设施工前赖特就已经受到政府当局的调查，当时的建筑法规相当严格，还没有人敢尝试夸张造型的建筑支撑结构，由于直接关系到建筑的安全问

的顶盖整齐地排列在一起，柱子林的天顶与四周围合的墙体分离。独特的天光设计（注释3）配合柱子林营造出原始森林的感觉，隔音隔热的中空玻璃管水平排列填充了预留玻璃窗的部位，阳光透过柱子顶部整齐排列的玻璃管的缝隙投射下来，停留在每一个办公桌上。尽管办公大厅无法让员工看到户外的景观，但是温和挥洒的阳光足以让他们感受到总部大楼内的亲切自然。在3000平方米的办公大厅工作，他们的工作效率奇迹般得以提升。

总部大楼没有受到地震的影响归功于赖特对于建筑抗震性的考虑，柱子的特殊形状也与这个因素有关。在建筑结构的关键受力部位，柱子都有所加固，除了柱子内部网状结构的编织钢筋外，柱子的中心疏通着建筑所需的各种线路，这是非常现代化的设计手法。返回到建筑的整体来看，按照建筑师的描述，约翰逊总部大楼具备强大的生命力并试图呼吸。

约翰逊蜡烛公司总部大楼建成后得到了人们一致好评，但是赖特在大楼建设的过程中可是相当痛苦。政府官员的一轮轮视察、建筑法规的不断约束、财政资金的一度紧俏，加之各个施工专业的配合，都让赖特头痛不已，建筑事业的艰难体现在与各个行业的难以配合。我

注释3：总部大楼的天窗设计配合柱子林更显独具特色。天棚的采光没有通常概念的玻璃窗，没有窗框，只有特殊加工的玻璃管。因为中空，所以尺度自由的玻璃管排列数量可以调整，换句话说「玻璃天窗」的尺寸完全是根据使用空间的大小、高低、宽窄来调节，玻璃管的厚度和长度在转弯处圆滑地延伸过去，营造不同光感的空间质感。密集的玻璃管水平肌理也将窗外的景色模糊化，无论是人还是车都变成虚幻影像流动的像素，如果说柱子是树木，那这变幻莫测的玻璃管就成为森林中潺潺的流水了。

们很敬佩这位执着的建筑师运用建筑的力量成功塑造了一个企业的经营形象，赖特也为自己付出的努力而感到欣慰，直到现在这栋建筑还是被人们视为是独一无二的。

激烈的争论之后，我认为他是个具有超人的热情的人。」这次，赖特建议增建一座小塔，因为塔的形状高挑，可以树立标志性建筑，像树木结构一样的50米高的塔楼由混凝土的建筑核心支撑整个建筑的重量，一样还是没有明显的入口，但塔内功能明确，是技术人员进行科学验证的场地。塔的外形是几何方形，但转角处是圆滑的，同样是玻璃管取代了窗户，塔的内核是几何圆形，中间布置有电梯。

早在总部大楼扩建时，约翰逊蜡烛公司就已经成为具备雄厚实力的跨国企业，约翰逊蜡烛公司的总部大楼设计一直伴随着公司的成长历程，大楼的每一处气息都已经与约翰逊家族的传承紧密地联系在一起，这个传承还会一直继续下去，大楼真正具有了可延续的生命力。

A great architect is not made by way of a brain nearly so much as he is made by way of a cultivated, enriched heart.

伟大的建筑师并不是因为他有用来思考的大脑，而是因为他有丰富而又敏感的心。

——弗兰克·劳埃德·赖特

关于约翰逊蜡烛公司总部大楼扩建：

约翰蜡烛公司总部建成5年之后，公司决定扩建。约翰逊再次邀请了弗兰克·劳埃德·赖特，建筑师赖特在接任约翰逊蜡烛公司总部二期扩建项目时已经是70岁的老人了。赖特一向执着于自己的建筑事业，1936年的一天早上，赖特拜见了政府年轻的官员希望他能允许自己对于约翰逊公司的新楼进行规划，当他提议将公司大楼建成远离喧嚣的绿地建筑时这项提案遭到了拒绝。于是在新一轮的方案讨论会上赖特耐心地讲解建筑规划的缘由，详细地罗列分析现有状况的各种利弊关系以及规划建筑未来的广阔前景，他的努力终于说服了公司总部的主人约翰逊，约翰逊接受了他的提议。约翰逊回忆道：「经过

事件：『石的温泉』，彼得·卒姆托（Peter Zumthor，瑞士，1943—）。

时间：1993—1996年。

地点：瑞士。

『100年温泉瑶池』——森林沐浴

第二十七渡（第二十七天的故事）

与西班牙特内里费岛的magma相比，瑞士山野间的“石的温泉”虽不是完全意义上的地景建筑，但是建筑与环境却相辅相成，以至于人们把这里当成与自然对话的圣地。建筑物没有严格的功能区分，联通的每一部分空间都可被视为山野温泉的自然设施，人们在自然与建筑物的融合体中沐浴、休憩，不夹杂任何干扰。

瑞士是一个美丽的国家，有着连绵的山峦和葱郁的植被，在一个山谷间，一眼温泉早在19世纪就被开发了，但是直到今天，开发商们突然意识到这眼温泉会创造更高的价值，人们可以更加依赖自然并尊重自然。1986年，开发商们实施了具体的温泉开发计划，投资人计划在温泉附近建设休闲度假的温泉宾馆，对于项目的实施没有任何额外的要求，只希望温泉宾馆可以建造在温泉泉眼的上方，并且不会破坏温泉原有的水系线路。项目的原条件非常合理，开发商的条件涉及建筑与基地的关系，也直接关系到人为建筑与自然的矛盾关系（注释1）。优越的基地条件，激发了建筑师彼得·卒姆托源源不断的创作灵感，但是作为一名敬业的建筑师，他不甘心于平庸的设计方案。

接手这个项目之后，卒姆托脑海中闪现的第一个概念方案就是“面对温泉的建筑”，后来卒姆托将建筑取名为“石的温泉”。既然建筑的主要功能是沐浴温泉，建筑实体就一定要遵从地形而建造，并且

注释1：对于建筑项目来说，环境是第一位的，一栋建筑如果具备了理想的基地环境，这相对于项目的前期是极其优越性的条件。而基地环境也只是一方面，决定建筑未来的限定性因素还有很多，项目的社会背景、甲方的意愿、项目的投入资金等都是顺利完成一个建筑项目的必要条件。在整个项目的实施过程中，任何一方面因素的小变动都会对项目的结果产生极大的影响，所以一个建筑项目的顺利竣工，其过程是艰辛的。建筑的艺术是事件本身的行为，也是各个社会复杂因素集结融合的艺术。

使温泉的泉眼置于建筑的中心部位。围合的蓄水设施为温泉划定了范围，并“生长”成为遮风避雨的半室内墙体，将人与自然“暂时”拢合在一起，卒姆托希望人与自然共融。于是，建筑的顶与山体草坡齐平，建筑的高度往地下生长，直到与下一级山体坡度标高接合。整个建筑完全生长在山的腰线上，沐浴温泉的池子没有入口，游客们只有穿过温泉宾馆的客房通向温泉的“内部通道”才能到达沐浴池，那里也是人们通往温泉池的唯一途径。通道并不黑暗，迎着洞穴般幽暗的光线，我们可以发现通道两侧设置有房间，人们在进入温泉池前需要在房间内更衣、清水淋浴和休息。神秘入口的空间过渡轻易地将建筑的功能转化为游戏场景，使人们在通道内就开始向往出口的世界，期盼那里是一片世外桃源！

走过通道，温泉沐浴池的基本形态为15块造型抽象的屋顶构造围合体，它们之间形态各异，每一个屋顶下都生长出支撑屋顶重量的承重墙体，15块混凝土构造的建筑体量按照平面迷宫线路的规律排列，并构筑成各种尺寸的围合空间，室内外的池子就坐落在15块屋顶之下。露天的温泉建筑内任何人工的痕迹都以尊重自然为先，建筑墙体的做法也与山洞中巨大石块的洞顶构造相同。由于某种地壳的运动，屋顶石块错落搭接形成了天然的缝隙，光线从15块屋顶的缝隙中透射进来，扫过当地山体的片麻岩，留下被夸大的片麻岩肌理的层叠光效。那是浴池的墙壁，片麻岩被设计为可变化尺寸的多种模度并加工成贴面石材，2厘米厚度的片麻岩叠加并整齐地排列在一起，岩石的色彩并不完全统一，但经过组合排列后呈现出如同山体被剖切后的自然切痕，如果我们的身体不经意触碰到它们，被岩体过滤的水温会让我们远离石材的冰凉。

“石的温泉”是开放的也是私密的，火浴、冰浴和花瓣浴池不是单纯的半私密空间，人们享受的也不只是温泉。我们用身体去感受，呼吸到的是弥漫在空气中的自然的气息，我们的血液因为42℃的火浴而加快循环，建筑因为融合自然也可以“呼吸”。整个建筑每天可以容纳150人温泉沐浴，置身其中用身体去感受温泉的人们成为建筑“呼吸”的加速因子，建筑也有身体，当我们的身体与它的身体接触时，一切都是和谐的……

我们来到池外的休憩平台上，那里有看座，我们是观众，远处葱郁的山林才是主角。渐渐夜幕降临，“石的温泉”开始悄悄地平静，唏嘘留恋的人们还久久未曾离去，花瓣浴的角落里，人们不由自主地停留在那里，屏住呼吸，像是要聆听什么，听水的声音、石头的声音还是建筑的呼吸声，抑或是听自然的声音？

“山石的温泉”实现了我想要将建筑元素与自然结合的设想，人们作为行为的主体可以在一切环境中寻找静谧、寻找自己的空间，“山石的温泉”能够给予人们这样的场所和氛围，人们感受建筑的世界，建筑也将人们与自然完美地结合在一起，我们完全愿意融入这里。

——彼得·卒姆托

第二十八渡（第二十八天的故事）

『130年歌剧魅影』——地下河

事件：巴黎歌剧院，沙尔勒·加尼叶（Charles Garnier，法国，1825—1898）。

时间：1860—1875年。

地点：法国，巴黎。

2008年，由乔·舒马赫导演的《歌剧魅影》（注释1）上映，盖斯东·勒鲁（Gaston Leroux，1868—1927）的原著小说被搬上了荧幕，凄美的爱情故事背后，奢华的巴黎歌剧院弥漫着幽怨的悲伤，还记得剧中那个幽长昏暗而神秘的地下暗河吧？《歌剧魅影》的离奇情节正是在“地下河”中展开的。巴黎歌剧院有很多故事可以讲，因为除此之外任何一栋建筑都不曾拥有6米深、容量130663.55立方米的巨大蓄水池！

奢靡的17世纪，意大利歌剧盛行，法国宫廷的贵族们也追随着这一流行。巴黎歌剧院的前身皇家歌剧院是当时最负盛名的贵族聚集场所，1763年一场大火摧毁了歌剧院，事隔一百年之后，1875年新的巴黎歌剧院终于建造完成。1870年普法战争时，重建歌剧院被迫停工，还未建成的歌剧院成为军队临时的驻扎地，其中大部分的空间被用来储存军用物资，此时，歌剧院也曾成为群众的发泄对象而被投掷墨水瓶。战乱之后，剧院终于重新开工，经历5年的建造时间1875年才得以竣工，歌剧院的耗资是惊人的，竟超过4800万法郎。

建成后的巴黎歌剧院占据很重要的基地位置。建筑师沙尔勒·加尼叶虽然曾为菱形基地的局限性条件感到头痛，但是他最终还是将装扮有最奢华外表的巴黎歌剧院推上了建筑舞台剧的中央。这个具有巴黎象征的明星建筑物就傲立于街区两条主干道视线的尽头，位于卢浮宫和杜伊勒斯宫之间。歌剧院的布局很正统，入口大厅、大台阶、豪华的休息长廊、舞台、观众席、后台、技术和设备管理间都各具所能，井然有序，整栋建筑

注释1：《歌剧魅影》（*The Phantom of the Opera*）改编自盖斯东·勒鲁（Gaston Leroux，1868—1927）的原著小说，1986年以音乐剧的形式首演成功，2004年又以电影的形式重新演绎凄美爱情故事，两部艺术作品都是以巴黎歌剧院神秘地下河为线索展开的，情节扣人心弦。

有7层高，因为加尼叶并不希望歌剧院被其他建筑的遮挡。加尼叶尤其重视建筑的外观形象，以至于这栋建筑不仅汲取了罗马柱式的经典而且还汲取了巴洛克的繁复。加尼叶希望歌剧院能够被装点成聚焦人们眼球的标志性建筑物，不得不说关于这一点，他成功做到了。具有金色阿波罗竖琴造型的避雷针占据着建筑的最高点，造型奇特的圆顶棚和巨大的双坡斜屋顶组合成反传统的做法，而巨大的圆顶下是可以容纳2000多人的座席。巴黎歌剧院拥有全世界最大的舞台（注释2），圆顶的构造采用了先进的铁骨架技术，极具现代感，可是加尼叶宁愿冒着可能增加火灾指数的危险也要坚持将铁骨架包设金箔和花边，他说不喜欢粗陋的骨架暴露在外。

歌剧大堂金光灿烂，富丽堂皇，等待贵族们的座无虚席，歌剧舞台很深远，是为了满足各种剧目的景致要求。可是，豪华的背后我们永远都无法想象舞台深处神秘的空间到底发生过什么，那是人们常说的舞台窥视空间，是极具“戏剧性”的场所，热衷于窥视女演员的游戏在相当长的一段时间是必要和盛行的，政客们将歌剧院视为特殊的场所，窥视以挑选适合的女演员是游戏的重要环节。这个空间很隐蔽，有时空间墙壁的窗打开时对应的却是封堵的砖墙！但与歌剧院还藏有6英里长的地下暗道、2531个门和7593把钥匙这些骇人的事实相比，已经不足为奇，多年后这个神秘的空间不知为何竟被迫拆除。

歌剧院的地下空间复杂迂回，宛若迷宫。舞台下方15米的深度，

注释2：巴黎剧院的舞台在全世界首屈一指。剧场前厅气派豪华，面积甚至大于观众席，主台宽30多米，加上舞台后附台空间进深达40多米，观众坐席大厅呈现为半围合空间，设有多层柱廊式包厢。整个剧场长170米，宽100 米，加之排练厅和舞厅等附属功能空间，总面积达12250平方米，室内装修风格采用传统意大利式样，可容纳座位2156个，其规模和豪华程度在世界上绝无仅有。

聚集了舞台剧目所需的所有道具装置，齿轮操纵可旋转的大型设备运作如机械工厂般繁忙，而所有道具空间的下一层将触及建筑的地基部分，那里有一条“地下河”，也是歌剧院最神秘的区域。根据歌剧院当时建造的情况，建筑在初始挖地基的时候碰到了地下水，水势蔓延构成了水渠，而聪明的加尼叶很好地利用了水的压力，将地下水聚拢起来，在周边修建了建筑的基础并建造了一个很大的蓄水池，池壁采用坚固的双层防水技术，使之更加牢固。但是，每隔8～10年，工程师们就要将水抽干，再换上清洁的水，才能确保蓄水池中的水不会散发味道。为什么盖斯东·勒鲁要把小说的主要情节安排在这神秘的“地下河”中进行？让我们回到歌剧院的入口大厅，这里奢华到让人不敢驻足，优美的螺旋曲线将大台阶优雅地升高，晶莹闪耀的饰面让我们的视觉变得模糊，以至于无法分辨事物的轮廓一这是通往巴黎歌剧院所有故事的必经之路。盖斯东·勒鲁一定想要在浮华蒙蔽人们双眼的背后讲述最凄惨、最悲壮的爱情故事，这样所有发生的一切才能如此形成鲜明的对照，而这强烈的空间场域对比也正是故事情节转变的情境暗示。

沙尔勒·加尼叶梦想着能够在自己设计建造的巴黎歌剧院舞台上演出，其实这个梦早已经成为现实，在历经15年坎坷的建造之后，加尼叶已经上演了最为精彩的历史剧目——巴黎歌剧院的建成，这个拥有11237平方米的庞大建筑已经成为惊世之作。

有人证实，歌剧院内所有的装饰都是加尼叶一个人设计完成的，一栋建筑花费了他15年的心血，最后也为他换来同等价值的荣誉和地位。如果说歌剧院每天上演的都是经典剧目，那么巴黎歌剧院将永远是世界建筑舞台的经典剧目，不只是因为它已经成为目前最具代表性的歌剧院，而是因为它散发出的是永恒的神秘气质！

关于巴黎歌剧院项目的竞标：

巴黎歌剧院项目是通过公平竞标的方式进行的，当时有171件作品参与竞标。参选作品都是匿名的，但是标底附有竞标号码和作品名称，其中有一件提名为《如果你向往的话，就请快点进来吧》的作品胜出，这就是当时默默无闻的建筑师沙尔勒·加尼叶的竞标方案。

第二十九渡（第二十九天的故事）

『抗 8 级地震』——『漂移的海带』

事件：仙台媒体中心，伊东丰雄（Toyo Ito，日本，1941—）。

时间：2001 年。

地点：日本，仙台。

东方对建筑有独特的解读，日本的建筑师也对建筑有独到的见解，我们不知被什么力量驱使，总是会把目光投向日本的建筑和日本建筑师的作品中去，从日本古老的“数寄屋”（注释1）开始到日本现代建筑与西方建筑融合的不同表达方式。

妹岛和世（注释2）的老师伊东丰雄，对于建筑有着不同的看法，他将建筑视为人与自然建立联系的重要媒介，他认为建筑会使人的行为与自然的关系更加协调。我们常常会惊叹眼前宏伟的建筑实体，却无法想象它是怎样产生的，也不会更多思考它存在的意义，而伊东丰雄会让建筑带来更多反思。仙台媒体中心是可以给我们更多思考的建筑作品，伊东丰雄不仅仅将其定义为阅读休憩的场所，同时赋予它更多的意义。

2001年，仙台这个拥有100万人口的日本小城市计划建设新时代的多媒体图书馆，因为市民们希望可以通过图书和网络信息将文化资源整合，从而提升整个城市的信息现代化进程。图书馆项目的实施具有极大的挑战性，54岁的日本知名建筑师伊东丰雄（以下简称伊东）的方案最终在众多竞标项目中胜出，伊东说：“建筑概念的灵感来源于海带，我想让建筑的各个部位都能够流畅。” 正如他的描述，“流畅”在仙台媒体中心完全表现为“透明”的理念，建筑的支撑结构简要归结为13根漂浮的“海带”状织网构造物垂直穿结7层水平方向的楼板，7层2500平方米单层面积叠加的“层级”建筑毫不犹豫地裸露

注释1：数寄屋是典型的日本建筑样式，是运用茶室建筑手法建造的日本田园式住宅，常用「数寄」分割空间，讲究实用，惯于将木质构件涂刷成黝黑色，并在障壁上描绘水墨画，意境古朴高雅。

注释2：妹岛和世，日本建筑师，她的建筑轻盈飘逸，细腻中蕴含着东方理性色彩的日本现代文化，而对于她建筑作品影响最大的人正是她的老师伊东丰雄。

“皮肤”与“血管”，建筑玻璃幕墙的外表皮也毫不掩饰建筑内的所有行为。如果我们再进行仔细分析，可以清晰观察到建筑的结构与传统的“梁柱楼板结构”（注释3）有所不同，仙台媒体中心的支撑结构柱已经由编织的网状柱取代。鉴于抗震设计在日本被高度重视，伊东曾多次测验测试建筑的抗震级别，并利用计算机模拟建筑在最大震级时的破坏状态，13根海带与夹持在不同高度的各个楼层一起摇摆，在震级的最高点整个建筑摇摆的频率也达到最高级，就像是海底生物随着洋流摇摆舞动，但测试的结果令伊东十分满意，建筑完全没有倒塌。海带的网状支撑结构让建筑有了不同的姿态，钢结构是它们的原型，它们在建筑整体平面中被自由地布局，承担着重力的负荷，一直延伸至建筑的屋顶。其中有几棵直径较粗壮的“海底”群内部被安排为人流和物流的交通运输，电梯设备、管道设备都被安置在透明的“海带”垂直交通井内。人们的行为路线与网状结构一起从一层“攀岩”到顶层的界面，绳结状钢柱网搭接成的“生物体”结构将我们的视线旋转盘绕到高空，呈现出有机的形态。

我们搭乘海带柱体内的电梯抵达建筑各“层级”界面，空间开始流动。二层图书柜自由地摆放着，以至于孩子们把这里当成是乐园而不必担心会迷路，标志物的视线也不会被遮挡，因为不同形态的海带柱

注释3：根据建筑大师勒·柯布西耶提出的「多米诺系统」（Domino System，即建筑由柱和地板搭接组成，上下楼层由楼梯连接，这是现代建筑构成的基本要素），现代建筑大部分采用此建筑构成形式，无论公共建筑还是住宅大部分都由框架结构的梁柱所组成。

已经成为各层空间的标志。三层和四层是综合图书馆的空间，五层的空间为市民提供可供参观的展览艺廊，展览空间内根据功能的需要安装了可移动的展墙。六层和七层的空间会带来些疑惑，那是员工的工作场所和多媒体视听区，员工们的区域分为工作区和休闲区，这里没有墙，没有绝对意义上的门，只有半透明的布帘软隔断和风刮过布帘掀起的缝隙。软隔断的设计显然对人的心理产生微妙的影响，严肃转变为了轻松，伊东对于空间试验性的处理手法改变了员工们的工作状态，成效是出乎意料的。

包围在海带柱体和金属楼板外围的巨大玻璃幕墙吸附在建筑表皮的结构体上，并跟随着光线的变化呈现出不同的色彩变化，好像会呼吸一样。建筑的另外一面是遮阳板和网状肌理的遮阳表皮，遮阳系统对于光量的摄取会根据室内不同的功能需求有所调节。城市空间的交流场域被浓缩在仙台媒体中心的一层大厅中，可开启的巨大玻璃折叠门将大楼与外界的界限模糊化了，大门的开启与闭合定义空间的内与外，城市、景观、现实与非现实在这个空间里被完全模糊了。大厅内有全天开放的咖啡厅，人们可以在这里坐上一整天，品着咖啡重新审视着窗外日本传统的老街区，古老和传统被镶嵌在仙台的玻璃幕镜框中，放置在视线的平行方向，时刻唤起我们的回忆。而当我们走出玻璃房子，现实又距离我们咫尺，玻璃建筑变为虚无，而退居到只是作为街区的一面反光镜的角色。

建筑有了新鲜的血液，呈现的是更为多元和有机的形态，建筑的发展趋势慢慢趋同于未来和自然，仙台媒体中心还在尝试和探索的阶段，伊东也在继续思考建筑与自然的关系，这是仙台媒体中心与众不同的原因。

关于推荐几本伊东丰雄的著作：

1989年《风的变样体》，青土社.

1997年 2GMonographToyoIto，GG，DtitorialGustavoGfli（西班牙）.

2000年《透层建筑》，青土社.

2001年Monograph「Toyo Ito」，Electa architecture（意大利）.

2003年 PLOT，AD A EDITA Tokyo.

空间与情感：空间当中有某种能量，并不沉默的时间，或是慢慢蓄积的情感。当时间和情感开始流逝，空间就成为现实与非现实转化的瞬间，能够感知这股能量也就成为一种艺术的行为。

第三十渡（第三十天的故事）

『一万颗钉』——优雅地带

事件：维也纳邮政储蓄银行，奥托·瓦格纳（Otto Koloman Wagner，奥地利，1841—1918）。

时间：1904—1906年。

地点：奥地利，维也纳。

如果用“优雅”这个词形容建筑，似乎会产生不同的词汇语境。1903—1906年，维也纳邮政储蓄银行竣工，这栋“优雅”的建筑是由受人尊敬的建筑师奥托·瓦格纳设计建造的。瓦格纳善于设计新文艺复兴时期的建筑样式，多数象征帝国荣耀的纪念性建筑都是他的作品。作为一名出色的建筑师，他不墨守成规，而是憧憬未来，渴望能用自己的方式去重新塑造建筑的艺术——这是他拥有的智慧。在19世纪末期，瓦格纳改变了他一贯的设计风格，他把兴趣投向现代设计，开始尝试将“现代”这个词理解为着重追求功能性设计的方向，于是他舍弃了帝国建筑的贴金粉饰而采用了简洁的处理手法——这在瓦格纳看来是颇为“收敛和优雅”的。

维也纳邮政储蓄银行是新兴现代都市产生的新功能建筑，不仅仅被定义为资本家的储蓄地，也归属于民众。奥地利有帝国象征的辉煌建筑，从街道上成排密集的传统建筑立面就可见一斑。威严的市政厅、奢华的歌剧院还有气派的大学城标志着繁华帝国城市的崛起，然而瓦格纳认为它们有些落伍，他想要建造新式建筑，想要改变现状也想要改变人们的原有观念，维也纳邮政储蓄银行也借此成为瓦格纳“改革”抛出的第一步棋子。

K.K. PO
KK POSTSPARKASSENAMTS
GEBAUDE IN WIEN
OBERBAURAT
OTTO WAGNER

建筑的正门虽然面对着主要的街道，可是在入口的方向我们却看不到建筑的完整样貌。因为银行的主要入口与左右两栋旧样式的老建筑并立，三栋建筑的位置关系有些特别，瓦格纳最初想要扩建全新外观的建筑新样式，但最终他还是选择了以整体环境为重，最后在基地红线范围内设计了一个小型广场。广场的过渡空间首先协调了新老建筑并存的尴尬关系，我们能够看到的建筑完整样貌就演变成为流通的广场和传统与现代立面的并置，建筑整体的室外关系归结为主要处理建筑入口功能的问题，而不是主要解决建筑的大门应该怎样更豪华装饰的问题！

我们穿过广场，再走近些，就会突然发现维也纳邮政储蓄银行的墙面非常怪异，钉满一万颗“钉子”波浪起伏的石材墙面让储蓄银行看起来非常与众不同，文艺复兴宫殿墙壁上的石头雕刻不见了，取而代之的是“不真实”的表皮，建筑的立面出了什么问题？原来是瓦格纳改变了建筑墙面的装饰手法，墙壁不再是石材，而是砖砌，砖墙的表面铺设有厚度较薄的大理石装饰板，装饰板上附有排列密集的“钉子”构造件，装饰板的曲线造型也打破了传统帝王建筑的装饰风格，但却保留了传统装饰做法中弧线的优雅。这在当时复古雕塑的建筑立面风格里是颠覆性的做法，当然，社会舆论和热嘲也随之而来。

维也纳邮政储蓄银行的立面做法极具独创性，瓦格纳的创造力没有可预见性，当我们进入大厅，虽然还是一样人车分流，但是不同的是箔金覆盖的装饰图案大门被简洁造型的金属门所替代，而在空间上还是依然保持高耸。仪式般地穿过三层内门，我们步入巴西利亚式（注释1）的优雅大厅，这是一个全新现代设计理念的大厅，双层采光让室内照明更具科学性，大厅同时也兼具维也纳邮政储蓄银行围合形态建筑的中庭，阳光可以直接从天窗照射进来，而不会觉得过于刺目。大厅空间的重点主要聚集在突出功能性的支撑结构，树枝造型的铁构架成为支撑屋顶的主要骨架，铁构架直通往最外层的玻璃顶，金属诙谐的质感配合微微泛白的玻璃介质退染支撑结构硬朗轮廓的边缘，犹如画面中温润的灰色调晕染了一切，大厅变得柔和起来。

维也纳邮政储蓄银行表现出工业现代化的设计风格，建筑的1—8层都为办公区域，现代城市的一面在这里没有遮掩，办公的空间没有隔墙，是自由的，窗户足够大而且光线充沛，这里的氛围已经与现代化都市的办公空间并无区别，办公区的走廊安静肃穆，高明度的色调可以让我们感受到通透和轻松。在通道楼梯的转弯处我们可以看到铝

注释1：巴西利亚式指教堂建筑屋顶的一种风格，以平顶为主，较注重功能。

材质的防磨构件，这是瓦格纳在这栋大楼里经常使用的材料，因为奥地利当时盛产铝矿，瓦格纳又很善于尝试新的材料在建筑装饰中的应用，于是铝矿很快成为瓦格纳首先拿来尝试的建筑装饰材料，并且瓦格纳认为铝是很便于清洁的。接待大厅的暖气出口也全部是用铝来包裹的，一米多高的暖气出口被设置了很多个，并且被安装在距离墙面相当远的距离，从地面生长出来的暖气出口更像是空间中有意摆放的装置作品，占据大厅空间墙角大部分的“展示”区域。

维也纳邮政储蓄银行的座椅也是瓦格纳精心设计的。椅子有等级之分，造型也因此会有区别，部门主管的椅子设计有扶手和靠背，而平民使用的椅子则是凳子的形态，但无论造型有何区别，每一把椅子的椅脚底部都设计有铝的装饰构件。

维也纳邮政储蓄银行的新功能性不是指建筑的平面使用功能，而是相对于当时传统建筑风格而言的新装饰功能，因为维也纳邮政储蓄银行的装饰采用的是“减法”，因此建筑简练的“线条”创造了另一种美感，不同于古典建筑的装饰手法，建筑结构和材料不需要任何附加的装饰，它们承重的姿态和材料的质感本身就很优雅。

关于维也纳邮政储蓄银行的色彩等级：

据说维也纳邮政储蓄银行室内的色彩设计也是按使用功能分为等级的，经理办公室使用了夸张的红色，有报道说：「进入办公室，客人会感到惊慌失措，所以会自然的纠正站立的姿势！」

关于维也纳邮政储蓄银行的色彩等级：据说维也纳邮政储蓄银行室内的色彩设计也是按使用功能分为等级的，经理办公室使用了夸张的红色，有报道说，“进入办公室，客人会感到惊慌失措，所以会自然地纠正站立的姿势！”

第三十一渡（第三十一天的故事）

『70 年重生』——LESS IS MORE

事件：巴塞罗那德国馆，路德维格·密斯·凡·德·罗（Ludwig Mies van der Rohe，德国，1886—1969）。

时间：1929 年。

地点：西班牙，巴塞罗那。

巴塞罗那德国馆有着双重身份，在1929年巴塞罗那的世博会上，巴塞罗那德国馆轰动一时，成为会场最大的亮点。在1986年，会场拆除的57年后，巴塞罗那德国馆获得重生，再次亮相引起强烈的社会反响。如今，巴塞罗那德国馆已经成为建筑历史长河中不可磨灭的精神象征，并作为永久性建筑被保存。会馆的重建是巴塞罗那政府在做出明确抉择之后开始实施的，政府要求严格按照建筑原貌并在原址上将其重建，我们究其重建的原因时不会想象到这栋形态并不夸张的现代建筑会对建筑界产生怎样深远的影响，因为完全拆除后可以获得重生的建筑案例并不多见。

建筑的寿命不只取决于建造的质量，有时我们甚至会为这些人工材料堆砌的“人造物”感到悲伤。我们关注巴塞罗那德国馆（以下简称德国馆）的命运，是因为它的存在勾勒了现代都市建筑的雏形，直到今天，德国馆的建筑精神仍然在传承，也因为它的存在改变了多少建筑师的设计观念，它甚至一直在影响着人们的生活方式和思考方式。尽管巴塞罗那德国馆这栋建筑并不具备严格意义上的实用功能，但是它却是打破建筑传统空间观念的经典案例。它没有传统建筑手工雕琢装饰的复杂立面，也不固守石头房子沉重封闭的私密空间，而只由少量的建筑元素组合建造，在整体尺度为50米×25米的基地范围之内，建筑的所有形态只包括8根柱子、14片墙体和两个

水池。柱子支撑着钢筋混凝土的屋顶，“墙”的概念在这里被重新定义，它们除了被自由地布置外，部分墙体被玻璃材质的隔断取代，但是玻璃幕墙并不承重，它们的存在好像只是为了围合视线通透而阻隔空间的游戏场所。在当时，自由隔断是一种创造性的空间处理手法，墙体之间的空间因此产生了“流动性”。建筑的看点被转移，人们从墙体前滑行而过、透过玻璃墙体望向另一侧陌生人的身影、屋顶悬浮于视线之上，实体营造的空间意境转变为抽象，建筑不再是人们视觉的第一印象，而转变为人们行为上的体验。

路德维格·密斯·凡·德罗在世博会上因为赋予德国馆“少就是多”（注释1）的设计理念而备受关注。密斯采用最精炼概括的空间语汇重新阐述建筑的抽象艺术，他要求建筑的所有功能和形态单纯化，他讲求建筑材料的“精确”搭配，他要求家具的摆放位置也要有必然的理由。承重的柱体们很纤细，镀镍钢的柱子完全暴露质感而没有任何粉饰，十字形断面钢柱与屋顶直接相接，也没有任何构造和材料上的过渡。墙与门的概念模糊，实与虚瞬间转换，墙体的围合只为界定主要功能的厅室空间，而密斯最为经典的巴塞罗那椅就摆放在厅室最显眼的地方。墙体是不同意义上的华丽，材料同样要求精致，绿色光滑的大理石墙面透露着简洁高雅，细腻纹理的褐色花岗岩在日光的作用下透射着深沉，玻璃墙体也带着绿色的活泼和黑色的忧郁，整个巴塞罗那德国馆就像是一首诗，“读”起来朗朗上口。

有人说密斯的理念足足改变了世界建筑一半的面貌，其实我们只看巴塞罗那德国馆几何的建筑形态、抽象的构成元素以及高质量的建造工艺，就足以证明“简约”早已成为时尚的潮流。

注释一：「少就是多」是路德维格·密斯·凡·德罗的经典建筑设计哲学，密斯主张建筑应该是简洁的、有逻辑性的和理性的，这是密斯追求永恒建筑形式的哲学理论。「少」代表精简，「多」代表完美，密斯提倡建筑去掉多余的装饰，只追求建筑本身和流畅的空间，密斯的这一设计原则创造了纯粹的建筑艺术，「少就是多」的理念也是他建筑事业最大的成功。

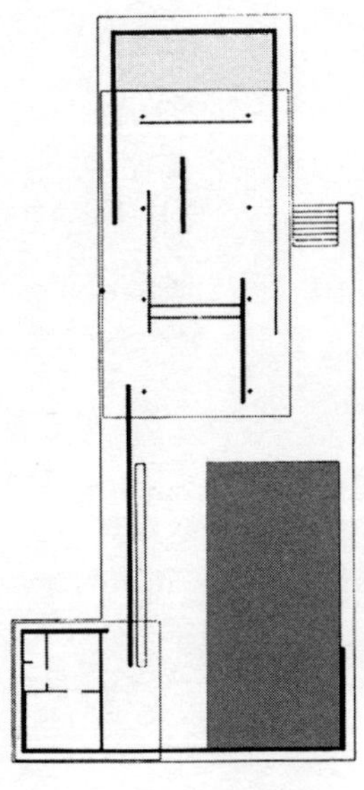

关于路德维格·密斯·凡·德罗与巴塞罗那椅：

密斯的建筑作品中有着抽象的意味，逻辑与秩序在抽象的手法中成为新的空间原则。作为职业建筑师，密斯对于艺术品位的提升和建造工艺的严谨有着特殊的要求，密斯的建筑品质体现在材料和工艺细节设计上。密斯的巴塞罗那椅是密斯最为有名的家具设计，交叉式靠背椅的一体化设计成为它独有的专利，整体流线型钢管与黑色真皮坐垫的经典组合设计直至今日仍然是家居产品设计师们模仿研究的对象。

事件：阿拉伯文化中心，让·努维尔（Jean Nouvel，法国，1945—）。

时间：1980年。

地点：法国，巴黎。

『20世纪的穆沙拉比窗』——光的旨意

第三十二渡（第三十二天的故事）

在巴黎城区以塞纳河为主的街区上，一栋异国风情的建筑位于巴黎圣母院的街对面，法国总统密特朗任职时期亲自担当了该项目建造的倡导者。

早在19世纪，法国就已走上工业化城市的发展轨道，纪念性建筑分布在巴黎新城规划的主要街区两侧，埃及政府捐赠的Obelisque方尖碑、美国自由女神像的交换建筑埃菲尔铁塔早已经成为巴黎建立多元文化交流平台的代表案例。阿拉伯文化中心的落成则是巴黎与阿拉伯国家以及伊斯兰文化交流的象征，西方与东方文化的交流也在此时扩大了建筑的外延意义。阿拉伯文化中心的建成是一个具备纪念意义的历史事件，尽管这栋建筑也与卢浮宫金字塔一样曾引起过众多争议。

法国政府和19个阿拉伯国家共同策划出资的阿拉伯文化中心项目是国际性的竞标项目，法国本土天才建筑师让·努维尔赢得了这个项目。身为接受西方文化教育的建筑师，让·努维尔却拿出了一个独创性的体现东方文化精神的建筑方案而获得评标委员会的高度赞赏和青睐。东方文化与西方文化的结合被运用到一栋建筑中，阿拉伯文化中心的建筑表皮被解读为西方大片玻璃幕墙与东方阿拉伯传统装饰

图样的结合，而结合两者的正是“光”的媒介。让·努维尔贡献建筑的整个南立面来描绘光的路径，借助西方现代科技手段不断改变对光的射入量，光的变幻似乎预示着宇宙空间与时间的转换，这是对光的溯源。此时，光成为一种力量，融汇真实与抽象、现实与非现实，阿拉伯文化中心出色地完成了这一使命。让·努维尔赋予建筑精神的力量，运用超现实主义的手法创造建筑的艺术正是建筑师让·努维尔最具创造性的天赋。

穿越具有雕塑性纪念意味的入口广场，巴黎古老建筑和新兴城市的街景只停留在建筑整个南立面的玻璃幕表层，那是朝向阳光的一面，一眼望去，窗的矩阵填满了整个南面，而窗的背后才是蕴含神秘的地方。尺寸约为1米×1米的方形窗是可调节光线射入量的智能装置，让·努维尔称之为“穆沙拉比窗”（注释1）。来源于阿拉伯几何学的抽象图形和伊斯兰文化的传统图样结合为阿拉伯传统建筑中雕琢精美图案的木格窗，穆沙拉比窗正是来源于传统木格窗的演变。

穆沙拉比窗图案背后的装置是可调节的类似于相机镜头的伸缩孔洞，孔洞依据日照的强度变化而改变“光圈”的大小，借以控制照射入建筑室内的光线强弱，建筑内部的空间因为光的射入而变得多样，光

注释1：穆沙拉比窗（moucharabien），伊斯兰教或受伊斯兰教影响的建筑中一种凸肚窗或突出二层楼的木格窗，主要采取方形和多边形的图案，与西班牙托菜多和后来格拉纳达的爱尔罕布拉宫（西班牙中古时期摩尔人的宫殿）的设计有异曲同工之处。信息来源：法国建筑师Jean Nouvel—阿拉伯世界文化中心Institute de Monde Arabe，准建新闻，2002-09-19，01：00。

的亮可以让空间开敞，光的暗可以让空间隐蔽，光的过渡可以让空间变得更为深远。每一扇“穆沙拉比窗”似乎都在讲述阿拉伯的过去与现在，在阿拉伯的信仰中，光是永恒的象征，是神和人的对话，光的通道则是神传达信息的路径。面对烈日，阿拉伯的传统建筑往往会在建筑的屋顶和窗的位置开有很小的孔洞，除了控制光的照射量外，主要是作为“点亮”光的通道，与神对话。 而在伊斯兰文化的概念中，传统的建筑空间留有空间延伸可以到达的私密领域，空间的尽头是最隐秘的地方，而光的途径正是隐含在空间的亮暗变化中。于是，光的路径透过穆沙拉比窗伊斯兰教的几何图案，投下斑驳的光影，光影跟随穆沙拉比窗的“运动”时隐时现，阿拉伯文化中心也因此变得充满力量。

阿拉伯文化中心的灯光技术运用于穆沙拉比窗的每一个构造细节，让·努维尔与德国的科隆照明设计公司合作，成功地实现了建筑最具复杂程序的光线调节系统设计。阿拉伯文化中心“光”的精神感动了所有巴黎人，人们都在为这个具有纪念性建筑的存在而感到自豪。黑夜与白昼永恒交替，阿拉伯文化中心白昼下的神秘与黑夜下的闪烁重复着故事的始末，故事仍在继续。

关于建筑师让·努维尔：

让·努维尔（Jean Nouvel），这位法国建筑大师曾在2008年3月30日荣获建筑普茨克奖。让·努维尔的作品在全世界有着广泛的影响，他思维敏捷的设计天赋让每一件作品都饱含超现实主义的特征。让·努维尔注重建筑与人精神上的共鸣，因此他的每一部作品散发着强烈艺术气息的同时也引人深思。让·努维尔的主要作品包括阿拉伯文化中心、巴黎的卡蒂埃基金会、法国南特市法院和无尽之塔等。

第三十三渡（第三十三天的故事）

『十大建筑奇迹之一』——现实奇迹

事件：中央电视台总部大楼，

雷姆·库哈斯（Rem Koolhass，荷兰，1944—），

塞西尔·巴尔蒙德（Cecil Balmond，斯里兰卡，1943—）。

时间：2007年。

地点：中国，北京。

2009年2月9日的夜晚，中央电视台总部大楼配楼的火灾成为新闻热门话题，这一头版头条让原已备受争议的央视总部大楼招致更多争议，但是，也正是这样的命运更加凸显了央视大楼的“明星”气质。在美国权威杂志《时代》中公布的评选结果揭晓之后，央视大楼也当仁不让成为2007年世界十大建筑奇迹之一，究其原因，央视大楼不单单讲述的是超高建筑中的特殊案例，大楼本身也已经成为这一类型建筑中的“怪胎”。摩天楼直冲云霄的造型被彻底地颠覆，央视大楼的身躯在半空中弯折下来牢牢地插入地下，特殊的造型成为摩天楼设计大胆的尝试，唯一的造型，唯一的结构，这些足以成为世界建筑的奇迹！现在只会惊叹央视大楼的怪诞扭曲，或许我们对于央视大楼的所有构造细节有专业的了解之后，就不会单单瞠目于它夸张的外观了。

央视大楼让我们最不能忽视的是它惊人的结构设计，天才的建筑师雷姆·库哈斯带领OMA事务所与结构大师塞西尔·巴尔蒙德通力合作，共同挑战这几乎不可能建造完成的离奇结构的超大型建筑（注释1）。234米高的两栋塔楼要在空中进行连接，悬臂长达75米！塔楼扭曲的造型根本无法想象，在世界上也没有任何一栋类似结构的摩天楼

注释1：关于库哈斯和塞西尔的合作，我们在建筑第九渡中已经关注了『飘浮的盒子』波尔多别墅，央视大楼是他们合作的又一成功案例。

可以作为案例参考，依据建筑师的工作方式，可以制作缩小尺度的模型来探讨方案的可实施性，可是对于央视大楼的项目来说，这一工作方式也并不能解决实际更多的难题。约束项目的条件众多，基地、环境、重力、荷载、结构、技术、材料、资金……甚至是世界建筑师协会对于项目实施方案都有各方面的质疑，规模越大的项目面临的问题就会越庞杂，央视大楼更是难逃这样的命运。就在库哈斯提出确定方案的一瞬间，世界就投以震惊的目光，而之后又迅速转变为质疑，作为投资人最多疑惑和担心的也无疑是结构问题，据悉此类“危险”的结构实体在国外也是很难实现的。于是在竞标方案出示之后，又历经了两年时间和13位结构专家反复研究和讨论，政府才最终确定方案的具体实施工作，其中最重要的一部分工作就是如何解决大楼的抗震性问题。

大楼的双塔要在空中倾斜一定的角度然后连接在一起，专家们制作了1∶300的模型来进行抗震研究，从而计算测量大楼结构中最薄弱的环节，得出一组数据之后，工程师们才能根据测试结果采取相应的措施，例如加固薄弱环节的结构构造等。这样一来，专家们在不断的尝试和研讨之后，将大楼结构最终的解决方案和表现形式确定为用菱

形单元的外置型钢架体系作为支撑大楼的主体结构，同时“包裹”整个建筑的表皮（注释2）。

央视大楼的表皮是由玻璃幕墙和菱形钢结构网格构筑而成，菱形的网格并不是均等的划分，有疏密之别，但也不是随意分隔，而是根据结构受力的需要而设定的。结构相对薄弱的部位，菱形的单元尺度小而密，而结构较稳定的部位，单元网格的密度会相对稀疏。看似随意性布局的几何形图案包裹着大楼全身，而它正是大楼最重要的结构部分，表皮即是结构，结构呈现为表皮！不规则的菱形构造解决了力的传递，所有的荷载压力都会沿顺着菱形的结构准确传入地下，这也是结构工程师塞西尔经过不断尝试和精密计算探索出来的成果。塞西尔后来感叹说：“一个设计简单的摩天楼，其中某个小环节出现问题，整个大楼都会失去稳定性。央视新大楼虽然设计复杂，但假使其中一个环节出现问题，也不会影响整个大厦的稳定性！”（注释3）

除此之外，央视大楼耗资50亿元人民币，因为建筑的80%体量都是钢架，密集的结构构造必然会导致大楼内部的使用空间变得有些狭小，但是想要挑战摩天楼奇特造型的设计，即使要求牺牲再多一些的使用面积，“结构需要”的必然性也将会是主导一切的关键。

中的标志塔，也是整个北京城的重要地标。

注释2：央视大楼的结构设计是整个项目最大的挑战，专家组的结构工程师们考虑到央视大楼承受自身重量的载荷及地震和其他自然因素带来的载荷，将单一的筒状建筑形态转化为由一系列刚性柱子和下梁覆盖结构体系的一体化建筑形态，结构延伸至整个建筑，并在拐角处加固强化。整个结构体系还要考虑地震载荷作用下每一根梁和每个支撑构架的表现，这需要通过大量的模拟软件计算才能得到验证。央视大楼的结构体系塑造大厦更加完整的形象，不只是外在的而是指大楼「内在」的完整统一性。

注释3：引自《异规》（*informal*），（英）塞西尔·巴尔蒙德，中国建筑工业出版社，2007：39。

关于中央电视台总部大楼：

大楼于2007年年底竣工，总体高度为234米，大楼拥有不同于一般高层建筑的坚实基础，因为足够稳固的基础是确保大楼地面结构稳固的保障。具备箱型结构的钢材特制基础与工地中各种大型尺寸钢材的组合件搭接成钢铁的世界，央视大楼在地下设计有满足人防、停车和其他附属功能的三层空间，地上部分则有52层的空间，其中群房的空间就占有10层。央视大楼的新址坐落在北京重要的商务区内，在高层群楼中，央视大楼鹤立鸡群，电视台新址包含整体的规划，总部大楼、电视文化中心（2009年火灾烧毁，已于2010年启动复建）、附属楼以及庆典广场，这是一个功能齐全的整体规划，而央视主楼是规划

事件：北京 MOMA 当代万国城，斯蒂文·霍尔（stevenholl，美国，1947—）。

时间：2005—2008年。

地点：中国，北京。

『十大建筑奇迹之二』——空中之城

第三十四渡（第三十四天的故事）

2008年夏天，我携好友参观北京MOMA当代万国城这栋“小城区”，它与中央电视台总部大楼一样被美国《时代》周刊评选为2007年世界十大建筑奇迹之一，这座建筑群并不是徒有虚名。

这座庞大的城坐落于北京的三环路边，高耸的8座塔楼由空中的连廊串联起来，楼与楼之间因为在连廊接近顶层部位的通道而拥有了“交通”，所以将这一建筑群称之为“城”再贴切不过。作为新的居住模式社区（注释1），MOMA万国城（以下简称MOMA）带给人们的是关乎生活方式的些许改变。8栋塔楼是主要的居住区域，从单户到多户的各类户型布置合理，而塔楼之间的连廊成为公共地带，社区管理人员这样定义住户们的行为路线：“如果您要穿越这栋楼到对面的栋楼，您完全可以从空中漫步过去，尽管您必须要先到达搭建有连廊的楼层。”换句话说，住户们在行为目的设定之前就已经开始规划在空中穿行的旅程，因为空中连廊是楼与楼之间最为便捷的交通路径。人们也因此变得活跃起来，在建筑面积达2万平方米的建筑群中，穿行通廊的行为本身已经让人们感受到居住以外的乐趣！

我们钻进一栋最高的塔楼中，抵达空中连廊层。一个足有两层高的开敞空间由大跨度钢架支撑结构搭建，连廊内地面并不平坦，有台阶也有坡道，室外景观的元素被移置到空中的室内，因为整个连廊是

注释1：我们的住宅规划大部分是按独栋排列的规划模式布局，楼与楼之间功能分开，各行其所，唯一联系交流系统的是住宅区的地下层或道路景观系统。居住几千住户的小区内，您是否也已经厌倦了一成不变的广场与健身活动区。目前，住宅模式的千篇一律是我们住区规划项目的普遍问题，也是建筑师们一直努力想要改变的现状。

玻璃幕墙的立面，所以阳光可以亲临空间的任何角落。当我们从连廊的一端抵达另一端，惊奇地发现我们已经在垂直空间上从平层跨入了对面塔楼的另一个楼层。假设我们在连廊的一端1号塔楼的第15层出发，当我们抵达连廊的另一端即到达了2号塔楼的第17层，但我们不会马上意识到这一改变，我们几乎没有明显地感觉到空间梯层高度的垂直变换，就已经融入空间错落的游戏当中。而连廊除了满足交通要求之外还设计有更具挑战性的功能，它们有时是通道，有时是休憩空间或艺术画廊，有时甚至演变成为空中泳池！“满足泳池蓄水功能的建筑构造与尺度，我们可以悬浮在空中畅游，连廊的功能也可以根据需求自由设计。”这是社区管理人员不断在重复建筑师斯蒂文·霍尔对于空中连廊创意由来的解释。

斯蒂文·霍尔想要把更多的创意注入MOMA万国城当中去，我们对于MOMA的户型设计更是有意外的收获。因为当时MOMA万国城的工程是一期阶段，正处于热卖中，还没有多少人居住，所以建筑的原户型被完整地保存下来了。

108平方米的单户居室完全是崭新概念的居住模式，室内除了卫生间和卧室必备功能的空间之外并没有明确的房间划分，空间是完全开放的，厨房、餐厅、会客、活动室“共处”一个空间，自由取代了限定，只有空间内的“活动墙”可以临时界定空间的分布。传统墙的概念因此被改变了，装载有旋转轴的墙体可以根据需要打开、闭合或是旋转，直至调整到我们想要的空间位置。室内格调以白色为主，开敞的大落地窗前安置有特殊材质的百叶装置，所以当阳光从窗户照射进来，却并不投射影子。百叶特殊的材质可以吸纳所有的光线，阻隔多

关于斯蒂文·霍尔(stevenholl):

美国著名建筑师，是北京MOMA当代万国城的主要建筑设计师。他的其他建筑作品还包括：当代艺术博物馆（赫尔辛基）、圣伊格内修斯小礼拜堂（西雅图大学）、贝尔维尤艺术博物馆（华盛顿）、纽特·汉姆生博物馆（挪威）、建筑暨景观设计学院（明尼苏达大学）等。

余热量的同时室内仍然会光线充足但不会因此而变得燥热，“可调节温度”的室内环境能够让住户很快适应闷热的北京夏天。据说MOMA万国城的所有户型无论什么朝向都安装有冬暖夏凉的恒温玻璃窗装置，完全可以解决室内朝阳又日晒的问题。

室内的恒温恒湿系统也是智能监控。如果我们离开住所，在关上房门的瞬间，智能控制系统会自动切断室内的多余用电，同时房门底层的密封装置会自动弹射出一层薄薄的金属挡板，目的是填充房门与地面的间隙，防止室外冷气窜入房内。每一户都配备有这样的户门，细节背后的人性化设计在MOMA万国城的所有角落都有渗透，建筑成为“温暖”的生命体，亲切感瞬间拉近了我们与MOMA城的距离。所以当得知MOMA万国城一期开盘每平方米35000元起价时，我们可以想象。

当我们重新返回到MOMA万国城的地上空间，才意识到这个城为人们提供了所有居住需要的社区附属功能，会所、幼儿园、中小学、商场、银行、邮局、医院、羽毛球场、健身房、室内游泳池甚至小型旅馆和对外电影馆（注释2）！由日本景观设计师秋山宽设计的景观水体围合着旅馆和电影馆，水上设施的景观构筑成另外一个水城，与空中之城相呼应。MOMA万国城的创造者斯蒂文•霍尔也实现了在有限的平面空间范围内创造无限空间扩展的梦想。

注释2：北京MOMA万国城建筑面积22万平方米、住宅面积13.5万平方米、配套商业面积8.5万平方米。

第三十五渡（第三十五天的故事）

『唯一的鹿野苑』——本土建筑

事件：鹿野苑石刻艺术博物馆，刘家琨（中国，1956—）。

时间：2003年。

地点：中国，四川。

关于是否被冠以“中国本土建筑师”称谓的话题在国内建筑界也颇有些“敏感”。依据目前国内建筑行业的状况来看，建筑在中国的发展还是相对缓慢的，无论是在理论上还是在实践上，建筑设计的观念总是跟随着西方的脚步，中国的诸多重大国际项目基本上都是国外的建筑师主持设计，这样看来，西方前沿引领建筑新潮流的诸多建筑新宠儿诞生在中国的现象并不新奇。因此中国也瞬间成为国际性的建筑尝试大舞台，而优秀的本土建筑则少之又少，尽管西方建筑文化对于中国本土建筑的发展和建筑的艺术创作起到了极大的推动作用，但是作为本土建筑师更应该对中国本土文化的建筑创作有更多的思考。

刘家琨是地道的本土建筑师，据说刘家琨原来是个地道的文人，喜爱文学和绘画，而建筑设计并不是他本人的择业初衷，在对艺术不断探索感知的过程中，刘家琨才逐渐步入建筑设计生涯。

2003年，在国内第一大美术馆一四川青城山美术馆招标项目中，刘家琨的设计方案中标，负责建造鹿野苑石刻博物馆的二期和三期项目。这栋博物馆位于四川成都郫县新民镇云桥村的河边上，项目的主要内容包括博物馆、会所和旅馆设计。在7000平方米的基地面积上，甲方要求建造以收藏和展示佛教题材的石刻艺术品为主的现代化博物馆，基地环境很有野生的味道，天空、树木、湖波相依相

傍，植被、溪水、卵石自然而生。为了迎合博物馆主题，刘家琨决定以"石头"的自然题材来表达建筑，并"冒险"地选择清水混凝土来实现建筑的"回归自然"。

"冒险"这个词并不夸张，因为中国的施工质量实在是让人有些担忧，而混凝土的特殊性坚定了材料对于施工质量的高要求。混凝土的使用在国外也是建筑师们较为慎重考虑的材料，因为它是既定成型的材料，大部分可以浇筑或以砌块的方式完成，混凝土生成的过程也不可逆转，就像是一气呵成的书法艺术，一笔写错就会影响最终整体效果。

鹿野苑石刻博物馆项目的工人们没有混凝土浇筑的过硬技术，更没有浇筑的经验（注释1），在施工现场，刘家琨亲自尝试浇筑，并采用自行研制的混凝土墙建造技术"砖组合墙"（注释2）来弥补施工技术的不足。由于现浇技术难度大，如果材料配比不适或模板技术有缺陷都会导致墙体变形，墙体表面的肌理效果也会因此失去支点，为此工人们先建好砖砌的核心墙，再在外围浇筑混凝土，而实际情况是这样独创的建造方式大大降低了混凝土整体墙的现浇难度。

没有混凝土浇筑经验的工人们需要建筑师现场的指导，刘家琨

注释1：混凝土浇筑：将各种材料配备组合的混凝土进行搅拌，然后浇入钢材或木材等特制的模板，待混凝土完全干爽凝固之后，拆开模板，现浇成品得以完成。

注释2：文中提到的砖组合墙即指刘家琨采用的是不同于清水混凝土做法的「清水砖墙」做法，主体结构为砖墙，表皮再浇筑清水混凝土。

关于刘家琨：

刘家琨，1956年出生于中国成都。刘家琨1982年毕业于重庆建筑工程学院，1999年成立刘家琨建筑设计事务所，主要作品包括艺术家工作室系列、四川美院雕塑系、鹿野苑石刻博物馆等。此外，刘家琨开发的「再生砖」带动建筑界对于可再生材料及技术的新一轮讨论。

从本土的地域性建筑概念出发考虑建筑应该怎样建造，然后寻找合适的材料与可行的建造方式并不断挑战材料与工艺在中国现有技术条件下的实施难度。

博物馆的建造很成功，混凝土古朴的质感使建筑与环境显得十分和谐。混凝土墙面在浇筑之后留下了杉木模板丰富的木纹肌理，随处可见的是建造的痕迹，粗糙的、叠加的，甚至让我们感受到了历史的沧桑和时间的洗礼。博物馆整体的抽象几何造型更是勾勒出人造巨石的轮廓，整栋建筑成功地回归到自然。尽管鹿野苑石刻艺术博物馆建筑并不归属于严格概念的“本土建筑”，但建筑建造的过程却是对于当地可采用材料和施工技术的尝试与探讨，也是建筑师们对于建筑可以怎样更多可能性地利用本土条件进行建造的诸多思考。

针对本土建筑的问题，刘家琨也曾引入“低技”的理念。有人评论刘家琨的建筑是原本的“地域建筑”和“乡土建筑”，这不仅与他本人一直生活居住于四川这个文化之都有关，更重要的是刘家琨是在因地制宜地思考建筑，而我们更多感受到的是刘家琨建筑的真诚与真实。

关于刘家琨的『低技』理念：

「低技」一词是个用语不太贴切的基本理念，相对于发达国家已经成为经典语言的「高技」手段，低技的理念面对现实，选择技术上的相对简易性，注重经济上的廉价可行，充分强调对古老的历史文明优势的发掘利用，扬长避短，力图通过令人信服的设计哲学和充足的智慧含量，以低造价和技术手段营造的艺术品质，在经济条件、技术水准和建筑艺术之间寻找一个平衡点，由此探索一条适合于经济落后但文明深厚的国家或地区的建筑策略，经过多年的建筑实践，我现在仍然认为这一条策略是充分有效的，并正在成为常识。

——刘家琨

事件：埃博斯沃德技术学院，

赫尔佐格 & 德梅隆建筑事务所（Herzog & de Meuron，成立于 1978 年）。

雅克・赫尔佐格（Jacques Herzog，瑞士，1950—），

埃尔・德・梅隆（Pierre de Meuron，瑞士，1950—）。

时间：1999 年。

地点：德国，埃博斯沃德。

『1999 波普』——印刷建筑

第三十六渡（第三十六天的故事）

埃博斯沃德技术学院的故事是关于建筑表皮研究的话题。建筑外观与功能一样尤为重要，结构、空间以及材料都是构成外观的必要因素。建筑材料的概念也越来越宽泛和自由，作为常用来满足结构功能需要的材料（注释1），如今也可以视为表皮，建筑的性格塑造可自由定义。我们选择材料时，就要掌握材料的一切属性，包括施工时将要面对的一切难题，正如同路德维希·密斯·凡·德罗描述混凝土的那样：“我们在使用混凝土施工前，必须要制定非常精确的施工计划！”（注释2）关注材料本身是建筑师们应该重视的，材料与生俱来的多样性可以创造更为丰富的建筑外观，埃博斯沃德技术学院的印刷混凝土正在讲述混凝土与印刷的故事。

埃博斯沃德技术学院是由赫尔佐格&德梅隆建筑事务所设计建造，从体量上来看，整个学院是一栋并没有显著特征造型的房子，5层高的简单长方形体量没有任何多余的部分，在北面延伸出的一条连廊，那是埃博斯沃德技术学院连接老建筑的唯一路径。 如果与基地周围老建筑进行比对，作为规划中增建部分的埃博斯沃德技术学院会让我们感觉到有些出其不意。因为，普通的材料可以塑造出极具个性的外观，这个“文身的盒子”运用的材料正是建筑中常用的结构性

注释1：建筑当中结构功能的材料主要指可以构筑支撑建筑的主要材料，例石头、钢筋混凝土、钢等表皮材料一般只用作隔断和装饰等作用。如今技术的发展慢慢实现了材料应用的更多可能性，用作表皮的材料本身也可以具备新的功能与形态，建筑也具备了更多的表观。

注释2：引自《混凝土建筑》（英）凯瑟琳·克罗夫特，大连理工大学出版社，2006。因为混凝土是凝结材料，其「凝固」过程决定着最后的结果，所以制定详细的施工计划对于混凝土这类材料的施工来说是非常必要的。混凝土只是一个例子，想要运用好任何一种材料，就要不断进行试验和研究才能有所成果。

材料——混凝土（注释3）。混凝土是世界上消耗仅次于水的第二大耗材，因为它的坚固特性而被广泛应用于各类建筑的设计建造中，特别是建筑建造的结构部分，当建筑师们开始逐渐挖掘并试验混凝土更多的可塑性时，发现混凝土实际上是一个具有千百张面孔的材料，它的多变性成为它最具性格的一面。

当我们重新认知混凝土的属性时，当我们也试着体验创造混凝土的全部过程时，我们就可以根据它的特征来设计和改造它。在混凝土由液态凝结为固态的过程中什么都有可能发生，任何的干预行为都会直接体现在材料凝结后的结果，雕刻蛋糕的形状和在原料中加入配料的味道都会决定蛋糕最后的性格，混凝土也是同样，影响液态混凝土的任何细小因素在材料凝固后都会如实地显现在材料的表皮之上。所以，混凝土的“凝结过程”是决定最后形态的重要环节，这个过程不可逆转，在混凝土建筑拆模之前，即使建筑师本人也很难控制它凝固之后到底会是什么样子！尝试尝试之后总有遗憾，即使拆模之后效果没有达到预期也不可能重新浇筑，特别是大型的建筑体量，所以是否具备严谨的策划与超强的控制能力和是否具备可以承担冒险和预测未知性结果的能力，是建筑师和施工人员必须要面对的严格考验。

注释3：混凝土是复合材料，主要由胶结介质、骨料颗粒或碎片所组成。胶结介质由水硬性水泥和水的混合物形成。硫化阻滞剂是一种减缓混凝土硫化率的化学制品。

混凝土具备永远的不确定性和永远不变的属性，有趣的是埃博斯沃德技术学院的印刷混凝土就是要挑战混凝土的“永远不变的属性”。赫尔佐格&德梅隆的建筑事务所充分利用混凝土的表皮可塑性特征，将它摇身装点成为时尚的元素，与绘画中的版画印刷技术同理，技术人员将起化学反应的丝网印刷技术应用到混凝土板上，于是画纸被混凝土板取代。

技术人员将选好的图案制作成网点层印制在聚苯乙烯板（即泡沫板）上，再用“硫化阻滞剂”将网点印制于塑料板上，最后将其作为模板来浇筑混凝土（注释4）。待混凝土板凝固成形之后，再经过打磨清洗的工序，一块印有清晰图案的混凝土板即将诞生，混凝土的表面“印刷”出素描效果的黑白灰变化，一块普通的石材转变成为一幅图画。埃博斯沃德技术学院的立面墙体就是由上千块印刷图案的混凝土板拼装组成，画面的内容来自艺术家托马斯·拉夫（Thomas Ruff）设计的剪报中的复制图像（注释5），建筑的表皮全部被图像覆盖，窗户也隐藏在其中。而当周围的一切都安静下来时，在这个宁静的场地，整个埃博斯沃德技术学院又像是一件庞大的“波普艺术装置”，占据着老建筑群的一隅，简洁前卫的波普风一抹建筑的冷漠。

注释4：印刷混凝土做法参考《流动的石头—新混凝土建筑》[M]，（美）让·路易·科恩（Jean-Louis Cohen）（美）G，马丁·穆勒（G.Martin Moeller.Jr），中国电力出版社，2008，152。

注释5：艺术家托马斯·拉夫（Thomas Ruff）毕业于佛罗伦萨艺术学院，他的作品表现形式多样并涉及多个艺术领域，主要包括绘画、影像、装置、舞台等。埃博斯沃德技术学院是赫尔佐格和德梅隆建筑事务所邀请托马斯·拉夫共同合作完成的建筑作品。

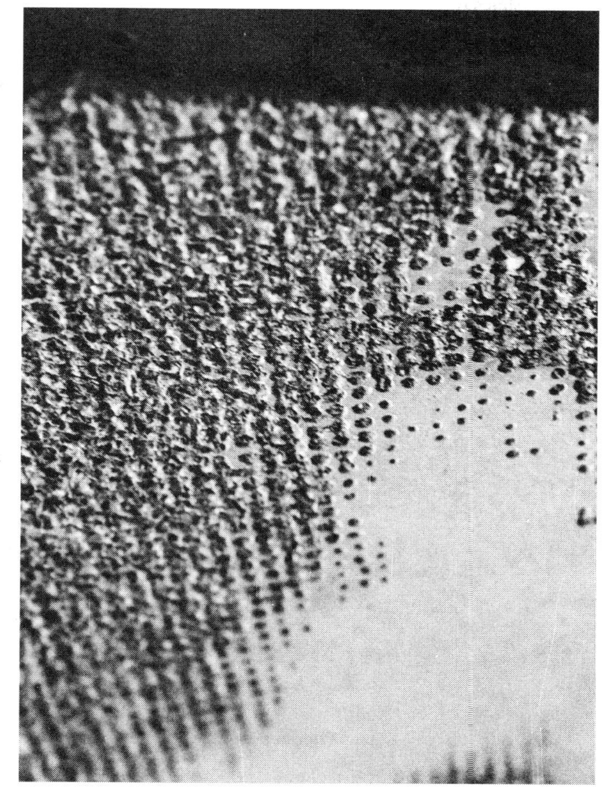

关于赫尔佐格 & 德梅隆：

1978年成立于瑞士巴塞尔的赫尔佐格和德梅隆建筑事务所（Herzog & de Meuron）在2002年获得了建筑业的最高荣誉普利兹克奖。赫尔佐格和德梅隆的作品很具有创造力，极简而又具有时代感。他们近期的代表作有东京普拉达（Prada）旗舰店、巴塞罗那Forum Building，以及为2008年奥运会而设计的北京国家体育场等。

事件：阿姆斯特丹 WoZoCo 老年公寓，

MVRDV 建筑事务所（成立于 1991 年），

韦尼·马斯（Winy Maas，1959—），

雅各布·凡·里斯（Jacob van Rijs，1964—），

娜莎莉·德·弗里斯（Nathalie de Vries，1965—）。

时间：1997 年。

地点：荷兰，阿姆斯特丹。

『100 户』——密度与参数

第三十七渡（第三十七天的故事）

建筑最早的形式产生于穴居，一直以来，为人类提供居所是建筑存在的必然。如今，建筑的发展已步入完全的现代化，完善的功能、多样化的外观、先进的技术运用与生态智能的演变让建筑这个行业变得更加多元化，居住问题中更多人性化的考虑也在推动着建筑师们更加关注建筑与人类共存的深层含义。MVRDV建筑事务所一直以来都在研究建筑与人类居住的关系，居住模式的合理化是MVRDV坚持研究的方向，而其中的“居住密度”成为他们最感兴趣的议题。这个词的背后反映的是人类居住的根本性问题，涉及建筑中的人均居住分布，“密度”产生的矛盾点成为MVRDV研究居住模式的一个线索，他们掌握了一套理性有效的研究方法，这套方法现在看来是具备前瞻性的。

MVRDV得来一系列数据，例如寻找可提供人们居住的基地范围，根据各个地域的不同居住条件和人口数量再计算分配到人均应享有的土地面积，从而推算各地段城市规划的合理面积和容积，最终通过计算“密度”参数将他们的研究结果以图形化和模型的方式呈现出来。MVRDV实施建成的诸多案例表明，通过密度参数所得的数据结论可以成为他们将设计概念转化成实际项目的有力依据（注释1）。

注释1：MVRDV将建筑的领域扩大到分析学，鉴于理性科学的分析法，支持他们建筑形态来源的是依据他们一系列分析研究后的数据库信息，所以当我们在解析MVRDV各个项目方案的规划平面时，就不会再对他们如何得来数据模块的规划布局而感到不解。此外，MVRDV还相当关注人类、城市、工业、农业、建筑以及生态等因素对于城市发展产生的巨大影响，所有的因素将被视为项目方案的参考依据。

这个由三人组合的建筑事务所在1997年设计建造了荷兰阿姆斯特丹WoZoCo老年公寓，一个解决居住密度问题的验证性案例。

荷兰是个创造性的国家，阿姆斯特丹也是荷兰有名的花园城市。1997年政府为了鼓励老人福利事业策划了一个特殊的项目，一栋可供100户老人居住的集合住宅基地将被规划在一条较为安静的城市地段，WoZoCo老年公寓项目为MVRDV的居住模式理论创造了一个实践的机会，MVRDV此次设计的目的也是缓解由于居住密度的大幅度增加而导致公共绿地面积逐渐减少的现状。政府对该项目提出的唯一设计要求就是要满足100户的居住单元，并且住户的居住质量要有高的标准，这将涉及诸如采光、通风、单元居住面积、居住设施等建筑各方面的要求。MVRDV面临的将是一个很实际的难题，如果谈论到建筑常规，在一个项目确定方案之前建筑师必须要事先考虑到一系列的问题，比如基地红线范围、建筑占地面积、甲方要求的容积率和绿化率、建筑的高度和层数、户型要求和使用人群等，这些都无疑成为WoZoCo老年公寓实施的限制性条件。

MVRDV为了满足甲方的设计要求，通过数据的计算预先设计了标准的户型面积，可合理布局之后发现建筑只能完成87户的居住要

求，而剩下的13户是完全"多余"出来的。现在，怎样能够有效增添13户的居住面积以达到100户的居住要求成为项目最大的挑战，如果加盖楼层就超出了建筑限定的高度，如果将户数增设入地下层，住户根本无法忍受阴暗潮湿的环境。考虑到必须要满足高质量的居住要求，最终MVRDV的建筑师们要求建筑再"生长"出13个居住单元的体量。这是一个创意性的解决方案，WoZoCo老年公寓的最大亮点就是夸张地将13个增补的住户单元水平方向从建筑体中延伸，悬浮在半空中，如同是建筑伸展出来的手臂，住户房间全部在建筑的北立面被悬挑出来，最远的能悬挑出十几米，建筑中的悬挑设计是常见手法，但是WoZoCo老年公寓的悬挑似乎有些"冒险"！

整个户型"分离"出建筑，而从外观上来看没有任何支撑和张力的结构，悬挑出来的盒子体量看起来很惊人，如果我们从整栋建筑的北立面望过去，大小不一的长方形盒子叠加出挑的轮廓将会十分突出。有许多人好奇居住在其中的老人们会有怎样的感受？"悬挑在空中"是否会造成他们对居住安全问题担忧而产生心理压力？事实证明，这样的担心大可不必，MVRDV的结构工程师们设计有三角形稳定结构的张拉索结构，整个构造掩藏在出挑盒子的墙壁内，盒子出挑的连接处被有意地加固，力的作用抵消了来自重力的影响，盒子的平稳如同附着在地面上的石头而绝不会轻易晃动！此外，13户的功能布局也是简洁现代，温馨的木板饰面结合彩色玻璃的阳台让老年公寓沐浴在温馨与活泼中。

WoZoCo老年公寓崭新的居住模式来自MVRDV独特的居住分析理论，MVRDV极具探索性的设计理念同时也成就了WoZoCo老年公寓的成功与冒险，这一设计模式也在建筑界掀起了一阵阵狂热。建筑师们的创意来自生活，MVRDV的建筑形式并不是我们效仿的对象，他们对于建筑的思考和对于人生的态度才是我们应该关注的。

关于 MVRDV 建筑事务所：

MVRDV事务所是由三位荷兰建筑师组合而成，他们分别是韦尼·马斯（Winy Maas）、雅各布·凡·里斯（Jacob van Rijs）、娜莎莉·德·弗里斯（Nathalie de Vries）。在1991年的欧洲第二届设计竞赛中夺标后，三人合作成立了MVRDV建筑事务所。MVRDV主要关注生态、城市规划、建筑及景观设计。他们的代表作包括：阿姆斯特丹WoZoCo老年公寓、VPRO公共广播公司总部、日本新潟艺术节遮蔽亭、西班牙马德里住房项目以及德国汉堡的移动公园等。而MVRDV也一直在持续研究『密度』问题，运用这一设计方法建成的项目包括2000年世界博览会荷兰馆、艾恩德霍芬商业区机场以及婆罗洲的两栋住宅等。

事件：Mountain Dwellings 公寓，

B.I.G 事务所（Bjarke Ingels Group，成立于 2006 年），

比亚克·因格尔斯（Bjarke Ingels，哥本哈根，1974—）。

时间：2008 年。

地点：丹麦，哥本哈根。

『1、80、480』——『山、人、童话』

第三十八渡（第三十八天的故事）

1、80、480，一座山，居住80户的家庭，拥有480个停车位（注释1）。哥本哈根Denmark的Mountain Dwellings 公寓是今天故事的载体。虽然B.I.G建筑事务所刚刚成立，但是他们的作品却已占据世界建筑舞台的中心，在众多创新性作品当中，这座使用面积在3万平方米的集合住宅项目在巴塞罗那世界建筑节上荣获了最佳住宅作品奖。

B.I.G事务所在2008年6月完成了这个项目的设计与建造，与所有集合住宅不同，B.I.G以全新的设计理念来阐述该项目的由来。基于B.I.G对自然概念的不同考虑，居住的空间被“叠加”于“山”上，住宅盒子以“阶梯”式交错成“山”的几何形态，屋顶也变成布满绿植的“山上的花园”。而“山”的里面依然是以阶梯状布局的巨大停车场，完全不同于常规下住宅与停车位的尴尬关系，这里的停车泊位顺应着“山”的趋势从地面逐层升起并以坡道的形式连接，立体的层级空间可以容纳480辆车位。Mountain Dwellings 的居民们再也不必担心停车位与住户入口的距离问题了，因为自家车进入停车场后可以直接停留在住户的门口。每一层级的泊车区域以不同的色彩区分，从绿色过渡到黄色再到红色，欢快的色彩让停车场变得活泼，也让繁忙工作后回家的住户感到无比的轻松愉悦，这里是属于“山脚下”的娱乐。

于是，我们停好车来到我们的住所，因为地势的关系，80套公寓在“山体”之上依次摆开以便于最大面积地“吸收”阳光，一户错开一

注释1：哥本哈根的Mountain Dwellings公寓项目名称来源于「mountain」这个词，B.I.G事务所正是采用山体的概念来诠释这个方案。其中，1、80、480是该项目中代表部分指标的原始数据。

户，户户相邻，“梯田”中的每一户都可以享受到日光浴，每一户也都拥有自家的露台和屋顶花园！Mountain Dwellings拥有设备完善的整体浇灌系统，因此每一户的花园都会植满绿色，我们设想一下，当春季来临就完全不见了房屋，唯一留下的就是一座被绿色覆盖的“山体”。

尽管Mountain Dwellings是人工行为的“山体”建筑，建筑还是相当成功地融入了景观的概念。让我们再用建筑的语汇解读一遍，相连的每一户居住单元并不夸张地覆盖山体表皮，每一户的外立面整体采用饰面木板，每一户的花园占据“梯田”的平台面积，并严格控制在山体勾勒轮廓的边缘之内。为了让山体的形象更为逼真，B.I.G找到了一种特殊材质的媒介来装饰山体的立面表皮，印有山体图案纹理的丝网印刷玻璃幕将整个山体停车场部分的外立面围合，Mountain Dwellings因此呈现为山体的姿态，丰富的材质肌理不仅积极地将建筑庞大的体量融入大自然的色彩中，整个建筑与自然的对话也正在启发着住户们可以以新的生活方式来融入这个对话中。住户们客厅充足的光线不会再被任何遮挡物遮挡，孩子们可以随时占据自家的花园空间，人们的居住空间交错自由，邻里的关系更加和谐，人与自然的关系正在以最不寻常的方式进行交流。

此时，在Mountain Dwellings里，山和人的故事还在继续，城市生活与自然轻松地结合，都市与景观划为同一个空间，人们与自然更加贴近，Mountain Dwellings也创造了最为崭新的集合住宅生活模式！

关于 *MORE IS MORE*：

B.I.G建筑事务所的作品集*MORE IS MORE*的中文版《是即是多——漫画建筑进化论》最近出版，内容主要介绍B.I.G事务所独特的设计思维方法和工作方式。B.I.G的设计方法是通常采用最为「轻松和自然」的方式表达建筑，所以，B.I.G的建筑方案往往都具有较高的生活艺术品质。整本书配有插图并以漫画的形式阐述，风靡全球。

关于 B.I.G 建筑事务所：

B.I.G事务所是一个具有崭新概念的设计团体，创始人是比亚克·因格尔斯（Bjarke Ingels），于2006年在丹麦成立，成员包括建筑师、规划师和产品设计师。比亚克成功地塑造了他的个人魅力是因为他的才华横溢，他能够具备创造性的思考方式，因此他的“异想天开”总是能够转化为最佳的设计方案。比亚克对于B.I.G事务所的定义为：「B.I.G建筑是要寻求一个‘务实的乌托邦世界’，那是一个以社会创造力、经济和环境的完美配置作为可实践的目标。」B.I.G事务所的作品得到世界的广泛认可，并获得了一系列国际奖项，2010年中国上海世博会的丹麦馆是B.I.G在中国的作品。

和不可预知的高效率成为B.I.G事务所与生俱来的说服力。

没有一座房子会凌驾于一座山丘、一片空地或是任何东西之上，它应该属于那里、融入那里，与自然融洽地相处，这正是建筑师们所赋予它的意志与灵魂。

关于比亚克·因格尔斯（Bjarke Ingels）：

来自哥本哈根的年轻建筑师比亚克·因格尔斯是一个十分有趣的人，他持有风趣儒雅的生活观，也拥有别具一格的建筑理念。建筑师们一直要致力于建立乌托邦式的未来世界，但现实总是阻碍着美好的意愿，而在因格尔斯的建筑世界里，有一座建立在现代文化社会构架之上的高架桥会通往建筑创作的最新领域，那就是因格尔斯一直倡导的「建筑与自然的联系」。我们从因格尔斯的建筑漫画里从来都不会想象到B.I.G的建筑就像是沙漠中的一湾绿洲，如此清新自然。B.I.G独到的设计理念与社会发展同步，自然界的因素是比亚克·因格尔斯创作灵感的来源，源源不断的创新

事件：金贝尔艺术博物馆，路易斯·康（Louis Isadore Kahn，美国，1901—1974）。

时间：1972年。

地点：美国，德克萨斯州。

『30×7的模数』——永恒经典

第三十九渡（第三十九天的故事）

路斯·康（Louis Isadore Kahn）的故事：

建筑大师路易斯·康是极具个性色彩的人，他的一生都沉迷在建筑的世界里，工作当中是对建筑的思考，生活当中是对建筑的继续思考，也只有在谈论起建筑的话题时，康看起来才算是个正常人！

一生执着追求，一生坎坷，康在他步入中年时才在建筑职业生涯中真正出名，康的成名之路甚至有一丝悲情的色彩，项目的延迟、资金的短缺、社会舆论或是康身心上的双重压力都成为阻碍他事业发展的绊脚石。但是康与建筑根本无法分离，这个执拗的建筑工作者只有针对建筑的时候才会“疯狂”。传闻康事务所的雇员们最害怕的一件事情就是周一的到来，五天工作日的时间里由于工作任务非常繁重，康通常是没有整块的时间来整理方案，对于敬业的他唯一的办法就是利用周末大块的时间来进行方案的反复推敲。最终的结果就变成在周一的早晨绘图员们总会看到新一轮修改过的方案草图整齐地摆在工作桌上，这对于他们来说无疑又是一个繁重的任务，而且是在本来就难以应付的新一周的头一天。

康的矜持与信念支撑着他的建筑事业，“金贝尔艺术博物馆”是康亲临现场监工的最后一个作品。关于这件作品，我曾经问起过一位建筑师：“你觉得金贝尔艺术博物馆经典在哪里？”他的回答很简洁也很肯定：“感觉很好。”

金贝尔艺术博物馆落成之后在建筑界引起了极大反响，它的外观看起来有些特殊，古典拱券式的圆顶由混凝土的柱廊支撑，现代材料的建

筑实体以原始的构造方式搭建，优雅弧线的拱顶平行排列在一起，整个金贝尔艺术博物馆勾勒出古典与现代语汇的直接碰撞。建筑整体上的轮廓很清晰，拱顶下方是封闭的墙体，只有建筑群主入口部分的两个拱顶下方留出退让空间，那是作为入口的半室外门廊。入口景观设计有一处古朴的庭院，庭院内有一方静谧之水倒映于拱顶优雅的弧线，如果不马上走进美术馆，肃穆神秘的场域气氛将使我们永远猜测不到建筑的意图，它更像是圣殿。

古典造型的拱顶可以有更为合理的应用，金贝尔艺术博物馆具备世界最先进的公共艺术设施与设备，其中就包括拱顶的采光设计。康认为光线的设计对于具有展览收藏功能的建筑十分重要，这是美术馆及博物馆设计最应该重视的一部分，光线对于艺术品特别是绘画的影响很大，绘画作品的展示需要最具柔和的光源环境。康巧妙地利用拱顶的弧线并将拱顶结构设计为用作漫射光源的装置，他在拱顶上开有长条形状的天窗但却不希望光线直接照射下来，于是天窗下方的铝质弧形反光板成为折射光源的途径。因为反光板的方向与拱顶相对，所以当光线照射在铝板上再反射到混凝土的拱顶时，天光通过在不同层次的建筑介质之间折射下来，才得以柔和均匀地漫射到博物馆的展厅内部。室内的光线完美极了，艺术品的轮廓清晰可见，却不会因为太强的光线而失真！

展厅内的所有功能房间布局在30米×7米模数范围的拱顶长廊内，空间尺度适宜。有研究表明，正是这个适宜的跨度模数成就了建筑永恒的舒适尺度感，无论从什么角度欣赏金贝尔艺术博物馆，建筑的尺度和比例都让人感受到视觉的愉悦。

康对于建筑的把握控制在对建筑建造概念的特殊理解上。建筑单纯的功能空间关系、建筑的材质和构建的方式本身就是艺术，概念上和实施方式上都不含有任何多余的装饰性，康追求的是“设计必须要有灵魂”（注释1），这一点我们从金贝尔艺术博物馆的“深沉”中完全

注释1：康与学生对话中的语句。引自《路易斯·康与学生的对话》〔美〕莱斯大学建筑学院编著，中国建筑工业出版社，2003，29。

能感受到。而建筑内部随处可见的细部构造设计让我们又一次开始颂扬康的严谨缜密，微小尺度的细部设计也成为建筑性格塑造不可缺少的一笔，要知道，细节对于什么都很重要！博物馆楼梯的扶手是康亲笔设计，采用同样热弯加工成卷曲弧线造型的铝板扶手，剖面呈现的板厚只有3毫米。特制的设计随处可见，康甚至会为每一栋建筑作品设计一对一匹配的家具，金贝尔展馆内就摆放着康为楼梯转角空间设计的公共休息椅。

至于16个拱顶之间的混凝土连廊是安置博物馆恒温恒湿设备及其他机械电器设备的地方，巧妙的“剩余”空间利用整合了金贝尔艺术博物馆的其他附属功能。有统计表明，金贝尔艺术博物馆是美国最富有的两家博物馆之一，博物馆从不接受捐赠艺术品，每一件馆藏品都是花巨资精心挑选而来，目的是确保馆藏艺术品的质量。也曾经有人提议要按照原博物馆的模数单元进行扩建，但为了尊重原建筑的完整性，这一决定最后还是被驳回了。

关于路易斯·康：

建筑理论包含有古典文学和哲学的影子，他着迷于古代建筑的形式但却不失现代语汇的表达。他追随东方的哲学也追寻着「永恒」的境界，当康把永恒凝固到建筑当中，他的建筑就会产生一种力量——深沉而感动。康还是一个伟大的建筑教育工作者，他发表了很多建筑理论的著作，康的文章语言晦涩难懂但却如诗句般优美，充满隐喻的力量。《路易斯·康与学生的对话》摘录了康在1968年与学生座谈时的经典语录，从康的话语中更加流露出他对于建筑和生活的真挚态度。

“人生就是为了表达……表达恨……

表达爱……表达真诚与力量……

以及所有难以明了的事情。

思想体现着灵魂，

人脑就是这样一个器官，

通过它我们构思奇迹、荟萃思想。”

…………

“自然是永恒的……只是它的形式将会不断发生变化，

当人们进行自由选择、

开始对普遍联系的环境进行设计时，

艺术便悄然而至。

人类的每一种行为，都渗透着艺术的影响。”

…………

“建筑是大宇宙中的小空间，

建筑属于信仰的范畴，

家庭和人的社会机制都必须与它们的本质相符，

设计必须有灵魂，

否则，建筑也会死亡。”

——《路易斯·康与学生的对话》

建筑的故事讲到这里告一段落，对于建筑的认知到底有多少层面，我们无法下结论。39个建筑的故事不代表全部，它们只是暂时地将我们摆渡到建筑世界的彼岸。建筑的艺术不划界，我们的思考不停止，其中的乐趣也永不枯竭。